MM. Wilson Aberdeen; J. Ainsworth Davis; P. Andouard; Association internationale pour la destruction rationnelle des rats; Ch. Crowther; Denayve; A. Douglas; A. Gouin; Nils Hansson; A. Sloan; The Smitfeld Club.

ZOOTECHNIE

RAPPORTS DE LA 3me SECTION

DU Xe CONGRÈS INTERNATIONAL D'AGRICULTURE DE GAND 1913

BRUXELLES
SECRÉTARIAT GÉNÉRAL DU Xe CONGRÈS INTERNATIONAL D'AGRICULTURE
22, Avenue des Germains, 22

1913

Xe Congrès International d'Agriculture

GAND 1913

Sous le Haut Patronage de S. M. le Roi des Belges

Président du Comité organisateur :

Baron VAN DER BRUGGEN,
Ancien Ministre de l'Agriculture.

Président du Comité exécutif :

M. J. MAENHAUT,
Membre de la Chambre des Représentants.

Secrétaire Général :

P. DE VUYST,
Directeur général au Ministère de l'Agriculture.

BRUXELLES
SECRÉTARIAT GÉNÉRAL DU Xe CONGRÈS INTERNATIONAL D'AGRICULTURE
22, Rue des Germains, 22

1913

Xe Congrès International d'Agriculture

— GAND 1913 —

3e Section. — ZOOTECHNIE

Comité organisateur de la Section.

Président :

M.

Degive, Directeur de l'office vaccinogène de l'Etat, à Bruxelles;

Vice-Présidents :

MM.

Frateur, J.-L., professeur à l'Université, Institut de Zootechnie, à Louvain;

le baron H. Della Faille d'Huysse, Sénateur, à Deurle (Flandre orientale);

le chevalier Hynderick de Theulegoet, à Bruxelles;

Hubert, directeur honoraire de l'Institut agricole de l'Etat, à Braine-l'Alleud;

De Roo, inspecteur vétérinaire principal au Ministère de l'Agriculture.

Secrétaires :

MM.

De Keyser, agronome de l'Etat, à Courtrai;

Mullie, inspecteur vétérinaire honoraire, à Dottignies;

Zwaenepoel, professeur à l'Ecole de médecine vétérinaire de l'Etat, rue Veeweyde, 82, à Anderlecht;

Molhant, assistant à l'Institut de Zootechnie de l'Université de Louvain.

Membres :

MM.
le baron de Steenhault, à Vollezeele;
Pien, chef de division au Ministère de l'Agriculture et des Travaux Publics, à Bruxelles;
Van Damme, C., chef de division au Ministère des Colonies, à Bruxelles;
Van Iseghem, à Snaeskerke;
Rombaut, chaussée d'Anvers, 7, à Gand.

TABLE DES MATIÈRES DES RAPPORTS
DE LA 3e SECTION

ZOOTECHNIE

Les rapports concernant le programme de la 3me section qui n'ont pu être insérés dans ce volume seront résumés ou mentionnés dans les Comptes rendus du Congrès, Volume VI.

Etude du minimum d'albumine nécessaire pour nos différentes spéculations animales.

par MM. **André COUIN** et **P. ANDOUARD**

Cette question nous semble trouver une solution suffisamment proche de la vérité, dans l'ensemble des expériences dont nous venons de fournir les résultats, en ce qui concerne les bovidés dans la période de croissance.

A cette époque de la vie, les besoins de matière azotée sont de deux sortes :

1° Les exigences des échanges organiques, qui réclament chaque jour une certaine quantité d'azote;

2° L'accroissement du corps, qui fixe environ 180 grammes de matière azotée par kilogramme gagné.

Lorsque la marche de la croissance ne laisse rien à désirer, on peut être assuré que l'alimentation a fourni aux échanges organiques tout l'azote dont ils avaient besoin.

Les quantités d'azote retrouvées dans l'urine nous éclairent sur l'importance de ces échanges.

Si l'on se reporte au tableau de la page 2, on voit que, pendant un ensemble de 231 journées, les trois sujets marqués N. O. Q. ont gagné en moyenne 877 grammes par jour, ce qui est assurément satisfaisant. Pendant tout ce temps, l'azote urinaire équivalait pour chacun d'eux à 57 G. 8, 61 G. 5 et 61 G. 0 de protéine par cent kilos de son poids.

Les deux expériences T et U portaient sur des animaux d'un âge plus avancé; en regard d'une croissance de 707 grammes, l'azote urinaire correspondait seulement à 56 G. 2 et 55 G. 2 de protéine par cent kilos.

Les précautions que nous avons prises pour éviter toute fuite d'azote étaient amplement suffisantes, car des échantillons ont pu être conservés plus d'un an, à l'abri de toute altération.

Nous aurions hésité à signaler les chiffres de l'expérience M faite en 1902, au début de nos recherches, et où les échanges organiques se sont limités à 42 G. 6 d'albumine, avec un gain de 1,026 grammes par jour, si cet exemple était resté isolé. L'expérience T de 1909 comporte une période de 63 jours, dans laquelle l'accroissement journalier s'est élevé à 936 grammes, tandis que les échanges n'absorbaient que 33 G. 1 d'albumine par cent kilos. Dans une autre expérience, en 1912, nous avons vu ces échanges ne consommer que 37 G. 2 de protéine, l'animal gagnant 889 grammes par jour.

Il nous paraît résulter de ces expériences qu'en introduisant dans les rations 60 grammes de protéine digestible par cent kilogrammes du corps, en vue des besoins de ses échanges organiques, on aura dépassé l'importance de ces besoins.

En y ajoutant 180 grammes de protéine digestible, on aura fourni les éléments d'un croît de mille grammes, qui est rarement atteint.

* * *

Pour pouvoir maintenant établir des rations dans lesquelles la protéine digestible se trouvera en proportion convenable, il est nécessaire de connaître l'importance des besoins alimentaires et la proportion dans laquelle la protéine brute est digérée.

Sur le premier point, les normes de Kellner ne nous paraissent pas un guide sûr, au moins pendant la période de croissance. Il est aisé de s'en rendre compte, en comparant leurs chiffres avec nos résultats expérimentaux.

	Éléments nutritifs digestibles		
	nécessaires	consommés	
Poids des animaux.	d'après Kellner.	dans nos expériences	Croît
150 kil.	2 kil. 154 %	1 kil. 545 %	874 gr.
250 kil.	1 kil. 797 %	1 kil. 363 %	861 gr.
350 kil.	1 kil. 623 %	1 kil. 120 %	769 gr.

Nos sujets d'expériences ont tous réalisé des gains supérieurs à ceux en vue desquels les normes de Kellner ont été établies.

L'importance de leur rationnement n'a eu d'autre règle que leur appétit, chacun ayant été à même de consommer autant de foin qu'il en voulait manger. Pas un ne s'est jamais montré capable d'absorber des rations aussi copieuses que celles qui étaient prescrites par Kellner. Ces constatations nous autorisent, croyons-nous, à tenir nos propres chiffres comme plus voisins de la vérité.

* * *

En ce qui concerne la digestibilité de l'azote, et bien que nous n'ayons eu recours qu'à une vingtaine d'aliments, pendant les 1,446 journées dont nous avons dressé le bilan nutritif, nous nous avouons impuissants à assigner à aucun de ces aliments un coefficient fixe de digestibilité azotée.

La digestion de l'azote nous paraît dépendre moins de la nature des aliments que des besoins de l'organisme, besoins variables suivant les diverses conditions de la vie.

Nous constatons, d'après nos bilans, que nos sujets d'expériences ont digéré l'azote de leurs aliments, dans les proportions suivantes :

Poids des animaux.	Proportion digérée.	Digestibilité d'après Kellner.
50 à 100 kil.	76.79 %	96.84 %
101 à 150 kil.	66.59 %	83.51 %
151 à 200 kil.	50.55 %	76.83 %
201 à 250 kil.	48.54 %	72.18 %
251 à 300 kil.	43.93 %	72.35 %
400 kil.	34.87 %	66.08 %

La diminution dans le pouvoir de digérer l'azote, qui s'accentue avec l'âge, s'explique d'elle-même. Plus l'animal est jeune et plus sa force de croissance est grande, il est obligé d'extraire une quantité d'azote plus importante d'une somme de nourriture bien inférieure à celle qu'il absorbera dans la suite. La nature ne l'a pas laissé désarmé en face de cette nécessité. Elle lui a donné alors une aptitude spéciale à digérer l'azote, qu'elle ne lui maintient plus dès que celle-ci cesse de lui être indispensable.

* * *

Ces faits étant établis, il devient facile de calculer les relations nutritives qui conviennent aux animaux en croissance, en prenant comme objectif un gain journalier d'un kilogramme.

Poids des animaux . . . Surface	175 k. 3 m. 01		225 k. 3 m. 58		275 k. 4 m. 09		400 k. 5 m. 25	
	Principes azotés	non az.	Principes azotés	non az.	Principes azotés	non az.	Principes azotés	non az.
Matériaux du croit Gr.	180	190	180	190	180	190	180	190
Travail de croissance . .		875		1,125		1,375		2.000
Entretien à raison de 60 gr. de protéine par 100 k. et le surplus en éléments non azotés.	105	1,400	135	1,655	165	1,880	240	2,385
	285	2,465	315	2.970	345	3,445	420	4,575
Digestibilité de la protéine %	50.55		48.54		43.93		34.87	
Quantité de protéine brute nécessaire . .	561		649		785		1.205	
Relation nutritive . .	1 à 4.37.		1 à 4.58.		1 à 4.39.		1 à 3.80.	

Nous avons tablé sur un accroissement journalier d'un kilogramme, pour l'animal de 400 kilos, comme pour celui de 175 kilos; or, il est constant qu'avec l'âge les progrès de la croissance, et par suite les besoins d'azote diminuent. Notre dernier exemple devait en comporter plus qu'il n'était nécessaire.

D'une manière générale, et après le sevrage, une ration qui comprend 1 de protéine *brute* contre 4 d'extractifs non azotés assure complètement les besoins en azote, pendant la fin de la croissance.

* *

Tout nous incline à croire que les besoins de renouvellement des tissus du corps ne doivent pas être proportionnellement plus élevés à l'âge adulte que pendant la jeunesse et qu'il ne faut alors que fort peu d'azote, mais nos études n'ont pas encore porté sur les adultes. Nous avons vu trop de fois combien il était dangereux de se prononcer sur des hypothèses, pour prendre la responsabilité d'une conclusion quelconque, en ce qui concerne les animaux dont la croissance est terminée.

*
* *

La production du lait absorbe beaucoup d'azote, il n'est pas douteux que la ration de la vache laitière doive en être abondamment pourvue. Sur ce point, la question d'individualité prime toutes les autres. La théorie ne saurait donner que des indications vagues, l'expérience à l'étable seule doit décider souverainement.

La vache ne produit-elle que peu de lait, bien que copieusement nourrie? L'addition à ses aliments d'un kilogramme de tourteau surazoté, tel que le tourteau d'arachide, ou celui de coton d'*Amérique*, permettra de se rendre compte presque instantanément si la bête est mauvaise laitière, et alors la situation est sans remède, ou si le manque de lait ne provient pas d'une nourriture insuffisamment pourvue d'azote.

La différence entre la production des jours précédents et la quantité de lait qu'on recueillera, une semaine après avoir commencé l'emploi du tourteau distinguera, d'entre les autres, les animaux qui réclament une nourriture plus azotée. Quand cette différence sera grande, on fera bien de porter la dose de tourteau à deux kilos, et de mesurer le lait une seconde fois, au bout d'une semaine. On verra de la sorte si un nouvel accroissement de la production paie suffisamment la dépense.

La période de lactation se prolonge si différemment d'une bête à l'autre, que l'observation seule pourra indiquer au vacher le moment où l'emploi du tourteau cessera d'être profitable et devra prendre fin.

*
* *

Les vaches laitières exceptées, nous venons d'établir que, passé le premier âge, les besoins de matières azotées ne sont pas importants. Il reste à examiner si une ration riche en azote se montre plus avantageuse qu'une autre qui l'est moins.

En nous reportant au tableau de la page 2 et aux 14 expériences F à S qui comprennent un ensemble de 934 journées, nous voyons que, dans les huit cas où l'accroissement a dépassé 800 grammes (moyenne 898 grammes), l'azote rejeté dans l'urine ne correspondait qu'à 23 gr. 85 par cent kilos du poids du corps, tandis que sur les six autres, où l'augmentation s'est réduite à 656 grammes, la proportion de l'azote urinaire s'est élevée à 33 gr. 64.

Il apparaît donc nettement, d'après ces résultats, qu'il n'y a aucun intérêt à prodiguer l'azote; le contraire serait plutôt vrai.

La valeur productive attribuée aux principaux aliments du bétail par Kellner correspond-elle aux observations de la pratique ?

par MM. **André GOUIN** et **P. ANDOUARD**

Nous nous sommes attachés, depuis plus de quinze ans, à l'étude des bovidés en croissance. Désireux d'apporter à cette étude toute la précision possible, nous avons commencé, dès 1902, à établir le bilan complet de la nutrition de nos sujets d'expériences.

A la fin de 1912, le nombre des journées pendant lesquelles nous avons recueilli pour l'analyse la totalité des déjections, solides et liquides, s'élevait à 1,446. Les aliments de chaque jour avaient été également pesés et analysés.

Invariablement, nous avons trouvé dans les fèces des quantités d'azote beaucoup plus grandes que n'aurait dû en laisser la nourriture, en évaluant sa digestibilité d'après les tables de Kellner.

Il ne faut pas s'étonner de ces différences, les chiffres des tables étant basés sur les digestions artificielles des 400 aliments qui y sont inscrits et non sur des expériences de digestion réelle par des animaux.

Afin de permettre de se rendre compte de l'importance des écarts entre les coefficients de Kellner et nos propres résultats, nous présentons le tableau des migrations de l'azote alimentaire, dans le corps de nos sujets d'expériences. Nous avons admis que le gain d'un kilogramme correspondait à la fixation de 30 grammes d'azote.

EXPÉRIENCE	ANNÉE	DURÉE jours	Poids moyen Kilogr.	Croît journalier grammes	Azote consommé par 100 kilogr.	RÉPARTITION DE L'AZOTE CONSOMMÉ				Azote fécal d'après Kellner o/o	Dépassement des prévisions de Kellner o/o
						urine o/o	croît o/o	non retrouvé o/o	fèces o/o		
A	1910	20	50	750	97.60	26.36	46.16	10.86	16.62	4.99	233.06
B	1902	41	69	806	122.03	45.16	28.60	16.80	9.36	0.84	1016.29
C	1910	42	87	332	98.25	24.98	11.70	35.21	28.11	14.81	89.80
D	1908	99	92	884	88.62	39.11	32.53	4.28	24.08	4.87	395.07
E	1907	37	98	1054	76.90	47.13	42.01	2.34	8.49	1.93	339.90
F	1907	39	128	705	67.98	42.17	25.30	6.03	26.50	18.35	44.41
G	1903	55	136	882	87.79	43.55	22.16	13.35	20.94	14.63	43.13
H	1908	49	158	418	63.42	44.80	12.54	15.03	27.71	16.18	71.26
I	1904	58	161	716	63.98	35.92	20.87	0.50	42.71	35.81	19.27
J	1904	91	162	683	76.54	25.00	16.11	17.75	41.14	25.55	61.02
K	1912	77	165	885	62.42	20.39	25.78	14.46	39.37	16.46	139.18
L	1905	48	170	937	63.53	25.00	25.92	12.04	37.01	22.36	65.65
M	1902	57	191	1026	45.03	15.12	35.81	0.81	48.26	22.15	117.85
								Erreur moyenne			70.20
N	1906	84	203	946	50.74	18.25	27.57	7.48	46.75	24.90	87.75
O	1911	49	203	827	43.47	22.51	28.13	8.42	40.94	25.54	60.30
P	1907	91	204	643	44.51	26.76	21.26	3.83	48.13	33.18	45.06
Q	1903	98	205	857	44.88	21.74	27.93	11.20	39.13	25.65	52.55
R	1905	98	259	770	51.19	27.13	17.83	10.86	44.18	21.22	108.20
S	1909	42	293	821	45.05	24.24	18.66	10.13	46.97	34.08	37.82
								Erreur moyenne			65.27
T	1909	91	387	659	39.02	23.03	13.00	10.68	53.29	36.28	46.88
U	1912	49	407	755	42.75	20.69	13.02	17.44	48.85	31.57	54.74
								Erreur moyenne			50.81

Laissant de côté le premier âge, pour lequel les différences sont énormes, nous voyons qu'en moyenne la proportion de l'azote fécal a dépassé de 65.93 p. c. les prévisions des tables de Kellner. L'écart avec celles de Wolff s'élève à 75.04 p. c.

En plus de l'azote inutilisé des aliments, les fèces contiennent une petite quantité d'azote fourni par l'intestin, mais pas plus que nous, Kellner n'eût été à même d'évaluer cette fraction, car jusqu'ici on n'est pas arrivé à déterminer son importance. L'École danoise l'a bien essayé, lors d'une étude sur l'alimentation des vaches laitières. Nous avons repris l'expérience de notre côté, mais nous n'avons pas retrouvé les mêmes chiffres, en nous plaçant dans des conditions différentes des siennes (1).

Il serait oiseux, à propos des divergences entre nos résultats et les tables de Kellner, de faire ressortir le soin avec lequel nous avons recueilli l'azote dans les déjections de nos animaux, puisqu'une négligence de notre part n'aurait eu d'autre résultat que de diminuer l'écart entre nous.

De ceci, il ressort pour nous un fait très net. La valeur amidon attribuée par Kellner aux aliments que nous avons étudiés et qui, pour la plupart, comptent parmi les plus employés, n'est pas exacte, puisque la fraction pour laquelle l'azote contribue à cette valeur est manifestement trop élevée.

L'erreur n'est d'ailleurs pas limitée aux principes azotés, nos bilans en fournissent également la preuve.

Avec les rations dont nous nous sommes servis, nous avons constaté qu'une même quantité de principes nutritifs digérés dans un temps donné produisait chez tous nos sujets un accroissement à peu près égal, par rapport à leur poids et à leur surface. C'est ce qui nous a permis de formuler la loi des dépenses de la croissance (2).

Si les valeurs amidon de Kellner étaient conformes à la réalité, toutes nos rations auraient dû posséder une valeur amidon peu différente, leurs effets ayant été voisins. Le tableau suivant montre qu'il n'en était rien.

---

(1) Voir notre mémoire publié en 1909 par la Société de l'alimentation rationnelle du bétail.

(2) Société de Biologie. Séance du 11 mai 1912. Dépenses d'entretien 2,050 calories par mètre carré. Surface du corps $S = 9.67 \times P^{2/3}$. Dépenses du croît d'un kilogramme : matériaux 1,517 calories; travail de la croissance, par 100 kil. du poids du corps 2,050 calories, valeur de l'unité ou gramme de principes nutritifs 4.10 calories. Le gramme de graisse compté comme 2.27 unités.

Pour simplifier, nous avons, dans nos calculs de la valeur amidon, attribué le coefficient unique de 2.27 à toutes les graisses et compté comme albuminoïde tout l'azote digéré, ce qui ne peut donner que des différences insignifiantes.

ANNÉE	DURÉE jours	AGE jours	POIDS kilog.	SURFACE M^2	CROIT grammes	UNITÉS NUTRITIVES dépensées	UNITÉS NUTRITIVES prévues	ECART sur les prévisions o/o	Valeur amidon des unités nutritives o/o
1903	55	110	136	2.56	882	1.622	1.604	plus 1.1ı	92.76
1904	49	143	147	2.70	745	1.478	1.540	moins 4.01	76.49
1907	40	155	186	3.15	925	1.494	1.427	plus 4.63	86.84
1905	48	157	170	2.97	937	1.547	1.608	moins 3.76	95.75
1908	35	164	154	2.78	357	1.166	1.201	plus 2.88	93.23
1907	30	190	218	3.51	783	1.329	1.312	plus 1.26	82.42
1911	49	195	205	3.36	827	1.382	1.359	plus 1.70	89.62
1906	84	208	203	3.34	946	1.468	1.497	moins 1.94	80.98
1909	49	311	296	4.30	888	1.281	1.291	moins 0.77	79.34
1909	91	431	379	5.06	769	1.128	1.120	plus 0.63	83.32

On relève dans ce tableau des écarts de 25 p. c. entre la valeur nutritive attribuée par Kellner à des rations qui ont produit à peu près les mêmes résultats.

Nous pourrions sans doute nous en tenir à cette constatation d'ensemble, mais des exemples pris isolément vont nous permettre d'apporter à notre démonstration une précision plus grande.

En 1909, nous avons nourri pendant trois semaines, avec 700 grammes de tourteau d'arachide et du foin à discrétion, une génisse dont nous avions commencé à étudier la nutrition depuis plusieurs mois. Le bilan quotidien des trois semaines s'est établi comme suit :

	Quantité gr.	Matière sèche gr.	Cendre gr.	Graisse gr.	Hydrates de carbone gr.	Protéine gr.	Valeur amidon gr.
Tourteau . .	700	615	37	57	184	337	483
Foin	6,947	6,009	507	141	4,755	606	1,781
		6,624	544	198	4,939	943	2,264

	Quantité	Matière sèche	Cendre	Graisse	Hydrates de carbone	Protéine	Valeur amidon
	gr.	gr.	gr.	gr.	gr.	gr.	gr.
	—	—	—	—	—	—	—
Urine. . . .	4,151	azote urinaire correspondant à				250	
Fèces. . . .	17,285	2,885	384	83	1,937	481	
Non retrouvé.	»	3,739	160	115	3,002	212	
		6,624	544	198	4,939	943	

Poids moyen du sujet, 353 kilos; surface, 4 m. 83; croît, 571 grammes.

Dépenses théoriques, d'après les règles que nous avons posées :

1° Entretien du corps, 4.83 × 500 — 2,415 unités.

2° Matériaux du croît $370 \times \frac{571}{1,000}$ — 211 »

3° Travail du croît, $353 \times 500 \times \frac{571}{1,000}$ — 1,008 »

Ensemble 3,634 unités.

La ration avait fourni :

Graisse, 115 × 2.27	261 unités.
Hydrates de carbone	3,002 »
Protéine non retrouvée	212 »
Protéine de l'urine	250 »
Total	3,725 unités.

Les dépenses réelles n'ont donc surpassé les dépenses théoriques que de 2.23 p. c.

Les valeurs amidon équivaudraient à 60.94 p. c.

Notre génisse a reçu ensuite, pendant dix semaines, une certaine quantité de pommes de terre, puis des betteraves et enfin les deux ensemble, en même temps que nous supprimions le tourteau. Le foin n'a cessé de lui être donné à discrétion.

Laissant de côté la première semaine où s'est effectuée la

transition entre deux régimes très différents, voici le bilan des neuf autres semaines :

	Quantité gr.	Matière sèche gr.	Cendre gr.	Graisse gr.	Hydrates de carbone gr.	Protéine gr.	Valeur amidon gr.
Tourteau . .	413	360	20	40	113	187	260
Pommes de t^re^.	6,111	1,334	73	1	1,104	156	1,456
Betteraves . .	19,048	1,778	242	16	1,320	200	858
Foin	4,543	3,945	312	113	3,120	400	1,178
		7,417	647	170	5,657	943	3,752
Urine. . . .	5,758	azote urinaire correspondant à				206	
Fèces. . . .	17,048	2,649	496	80	1,548	525	
Non retrouvé.	»	4,768	151	90	4,109	212	
		7,417	647	170	5,657	943	

Poids moyen, 389 kilos; surface, 5 m. 15; croît journalier, 936 grammes.

Dépense théorique :

1° Entretien du corps, 5.15 × 500 — 2,575 unités.

2° Matériaux du croît, $370 \times \frac{936}{1,000}$ — 346 »

3° Travail du croît, $389 \times \frac{500 \times 936}{1,000}$ — 1,821 »

Ensemble 4.742 unités.

Eléments nutritifs de la ration :

Graisse, 90 × 2.27 — 204 unités.
Hydrates de carbone — 4,109 »
Protéine non retrouvée — 212 »
Protéine de l'urine — 206 »

Total 4.731 unités.

Les dépenses réelles ont donc été à peu près égales à nos

prévisions. Autant dire que, dans l'un et l'autre cas, le rendement des principes nutritifs s'est montré sensiblement le même.

Alors que les valeurs amidon n'auraient pas dû différer, elles ressortaient dans le dernier cas à 79.12 p. c. des principes nutritifs, contre 60.94 p. c. dans le premier. Ces valeurs se trouvent donc infirmées par les faits.

Par ailleurs, Kellner fait subir à la saccharose une dépréciation d'un quart, lorsqu'elle est consommée par les ruminants. Nous résumerons brièvement une expérience entreprise en 1912, qui ne nous permet pas d'adopter son opinion.

Une génisse dont nous n'avions cessé d'observer les progrès quotidiens depuis sa naissance, a reçu pendant trois semaines une alimentation qui comprenait environ 900 grammes d'amidon, fournis par la farine de manioc et la pomme de terre. La somme des principes nutritifs digérés était égale à 1.454 grammes par cent kilogrammes de son poids. Le croît moyen atteignait alors 821 grammes.

Sans toucher au reste de la ration, nous avons remplacé les féculents par des sucres. Sur un ensemble de principes nutritifs de 1.273 grammes par cent kilos, des caroubes ont apporté 400 grammes de sucre. La ration se trouvait proportionnellement inférieure de 12.45 p. c. à la précédente. Malgré cela, l'accroissement a passé de 821 à 908 grammes, soit une plus-value de 10.72 p. c.

Loin de confirmer la manière de voir de Kellner sur la diminution de la valeur nutritive du sucre, quand il est consommé par les ruminants, cette expérience prouverait plutôt le contraire.

Si la place ne nous était mesurée, nous aurions pu produire les résultats d'autres expériences qui conduiraient aux mêmes conclusions.

Détermination de la valeur productive des différents aliments et des meilleures rations.

par MM. **André GOUIN** et **P. ANDOUARD**

Il n'est guère possible de chercher à établir la valeur intrinsèque d'un aliment, car cette valeur dépend pour beaucoup de l'usage auquel il est destiné.

L'animal de 500 kilos, dont la croissance serait terminée et auquel on ne demanderait aucun travail, n'aurait plus besoin que de 3,045 grammes de principes nutritifs par jour, soit 609 grammes par cent kilos de son propre poids, alors qu'il en faut 1,130 grammes à celui de 400 kilos, qui croît de 800 grammes par jour, et pas moins de 1,657 grammes à l'élève de 150 kilos, dont la croissance atteint un kilogramme.

Il est clair, d'après cela, que les aliments d'une digestion lente qui suffiront pour le premier, ne vaudront pas autant pour les autres. Les données de nos expériences nous paraissent démonstratives à ce sujet.

Si nous répartissons en deux groupes les aliments que nous avons employés :

Aliments à *digestion prompte* : lait, pommes de terre, betteraves, manioc, caroubes, tourteau de coprah principalement riche en sucre;

Aliments à *digestion lente* : fourrages grossiers, tourteau d'arachide essentiellement azoté, son de riz; nous constatons les résultats suivants :

1° Dans sept expériences sur des sujets pesant environ 150 kilos, trois ont gagné en moyenne 902 grammes par jour avec un rationnement où les aliments à digestion prompte étaient dans une proportion de 79.69 p. c.;

Un autre a pris 745 grammes de croît, avec un taux de 37.45 p. c. d'aliments à digestion prompte;

Les trois derniers ont augmenté de 444 grammes seulement, les aliments de prompte digestion réduits à 23.57 p. c.

2° Sur trois élèves de 200 kilos :

Augmentation moyenne de 886 grammes pour deux, proportion des aliments à prompte digestion 55.61 p. c.;

Augmentation de 643 grammes pour le troisième, la même proportion étant réduite à 38.04 p. c.

3° Un animal de 350 à 400 kilos a gagné 936 grammes, avec une proportion d'aliments à prompte digestion de 40.82 p. c., alors que le gain se bornait à 609 grammes, lorsque sa ration ne comprenait que des aliments lents à digérer.

On pourrait être tenté de supposer que c'est surtout la proportion de matières digestibles qui influe sur la valeur de la ration, nos expériences contredisent formellement cette idée.

Ainsi pour nos sujets de 150 kilos, la proportion des matières sèches rejetées dans les fèces atteint :

30.24 p. c. pour un gain moyen de 902 grammes,
37.64 p. c. » » » 745 »
32.75 p. c. » » » 609 »

aux environs de 200 kilos, la proportion est de :

36.64 p. c. pour les gains de 886 grammes,
35.56 p. c. pour celui de 643 grammes.

Les différences, on le voit, sont insignifiantes. C'est bien plus à la rapidité avec laquelle certaines rations sont digérées, qu'à leur richesse en principes digestifs, ou à leur faible teneur en cellulose, qu'il faut attribuer la possibilité pour les animaux d'en absorber des quantités plus grandes.

Cette possibilité deviendrait d'ailleurs un défaut pour ceux auxquels on ne demande temporairement aucune production, de même que pour les bêtes de travail.

Il convient de la rechercher, au contraire, non seulement pour les élèves, mais aussi pour celles des vaches qui sont capables de fournir une abondante production de lait, et non moins encore pour les animaux à l'engrais.

Conclusion.

Nous ne perdons pas de vue, dans nos expériences, qu'elles doivent tendre à donner des résultats économiques. Il ne faut pas oublier, en effet, que nous sommes dans une période où une augmentation dans le rendement du bétail est devenue une nécessité pressante pour une bonne partie de l'Europe.

Le principal facteur de cette augmentation nous paraît être une meilleure utilisation des ressources fourragères existantes, ce qui suppose une connaissance plus approfondie des besoins des animaux.

La situation est assez sérieuse pour que cette étude puisse continuer longtemps à rester uniquement dans les mains de quelques chercheurs isolés. Nous souhaitons qu'il soit créé partout en Europe, à l'instar des Etats de l'Amérique du Nord, des stations d'expériences, munies d'un outillage scientifique suffisant et possédant un personnel de praticiens et d'hommes de science en mesure de donner aux expériences toute la précision et l'ampleur désirables. Les frais de cette création seraient assurément compensés par le profit que ne manquerait pas d'en retirer indirectement la masse des consommateurs.

Der Wert der verschiedenen Futtermittel bei der Milchproduktion (1).

von **Nils HANSSON**

Direktor der Haustierabteilung bei der Zentralanstalt für Landwirtschaftliches Versuchswesen. Experimentalfältet bei Stockholm.

Bei wiederholten Gelegenheiten hat der Unterzeichnete nachgewiesen, dass die von Kellner geformte Stärkewertbestimmung in ihren Hauptzügen analoge Resultate mit der seit 1882 in Dänemark begonnenen und in den letzten Jahren auch in Schweden in ganz bedeutendem Umfang betriebenen praktischen Versuchswirksamkeit mit Schweinen und Milchkühen liefert (2). Auf Grundlage der genanten Versuchswirksamkeit ist die jetzt in den über 700 Kontrollvereinen Schwedens angewendete Futtereinheitsberechnung geformt worden, und ein Vergleich zwischen der genannten Futtereinheitsberechnung und Kellners Berechnung des Stärkewertes der Futtermittel kann also für die Beantwortung der aufgestellten Frage von Interesse sein.

Will man näher untersuchen, warum Kellners Stärkewertberechnung und die dänisch-schwedische Futtereinheitsberechnung besser als alle früheren Berechnungsmethoden übereinstimmen, so findet man bald, dass dies seinen Grund darin hat, dass sowohl der Grundleger der dänischen Versuche N. J. Fjord, wie Kellner die direkte Produktionswirkung im Tierkörper zu messen versucht haben. Der

---

(1) Rapport non corrigé.

(2) S. näheres hierüber in Fühlings landw. Zeitung, 57 Jahrgang, S. 434; *O. Kellner*. Die Ernährung der landw. Nütztiere, 6 Aufl. S. 594 o. 595.

Unterschied in ihrer Arbeitsweise liegt darin, dass Kellner mit wissenschaftlicher Genauigkeit mit einigen wenigen Tieren arbeitete, während Fjord und seine Nachfolger in Dänemark sowie auch Unterzeichneter bei den schwedischen Versuchen mit Gruppen einer bedeutenden Anzahl Tiere, aber unter mehr praktischen Verhältnissen gearbeitet haben. In beiden Fällen ist indessen die Gesamtwirkung des Futters im Tierkörper gemessen worden.

Während Kellner hauptsächlich Mastochsen anwendete, hat man bei den skandinavischen Versuchen vorzugsweise mit Milchkühen und Mastschweinen gearbeitet. Mit Kenntnis der verschiedenen Verwertung der verschiedenen Nährstoffe und besonders des Eiweisses im Tierkörper bei der Milchproduktion und beim Mästen, muss man von vornherein voraussetzen, dass der Effekt bei diesen verschiedenen Produktionsrichtungen nicht ganz derselbe ist.

Eine nähere Prüfung zeigt auch, dass die aus den schwedischen und dänischen Mastversuchen mit Schweinen resultierende Wertsetzung des Produktionswertes der verschiedenen Futtermittel in vielen Punkten besser mit der Stärkewertberechnung als mit den Resultaten der Fütterungsversuche mit Kühen übereinstimmte. Dass dies der Fall war, trotzdem die Fähigkeit der Schweine und der Rinder, die ihnen gebotenen Nährstoffe zu verdauen, ganz verschieden ist, hängt natürlich davon ab, dass es sich in beiden Fällen um Nährstoffe handelt, die hauptsächlich zur Fettbildung beim Mästen angewendet worden sind. Bei Mastversuchen mit Schweinen hat man, wenn geeignete Mengen der verschiedenen Futtermittel gegen einander ausgetauscht wurden, von z. B. Erdnusskuchen, Palmkernkuchen und Gerste ungefähr denselben Effekt erhalten, der mit dem bei diesem Futtermitteln berechneten Stärkewert nahezu zusammenfällt.

Dagegen kommen, trotz der im grossen ganzen guten Uebereinstimmung, in mehreren Punkten bestimmte Ungleichheiten im Effekt der verschiedenen Futtermittel beim Mästen von Rindvieh und bei der Milchproduktion vor. Eine nähere Untersuchung der Ursachen dieser Abweichungen ergibt das Resultat, dass sie hauptsächlich mit der verschiedenen Verwertung der Eiweisstoffe bei den verschiedenen Produktionsrichtungen im Zusammenhang stehen. Gibt man ein gewisses eiweissreiches Futtermittel in dem einen Falle einem Masttiere, in dem anderen Falle einer Milchkuh als Produktionsfutter, so hat man davon eine verschiedene Wirkung zu erwarten. In dem ersteren Falle wird das Eiweiss zur Fettbildung verwandt, wobei nur ein geringer Teil seines Wärmewertes ausgenutzt werden kann, in dem anderen Falle kann die Hauptmasse des in geeigneten Mengen gegebenen Eiweisses in Milchweiss übergehen. Das Fettbildungsvermögen der Futtermittel — das heisst ihr Stärkewert — ist deshalb kein vollständig richtiger Ausdruck ihres Wertes bei der Milchproduktion. Wir können somit auch keine vollständige Uebereinstimmung zwischen den Resultaten der Versuche, die zur Bestimmung des Effektes bei diesen verschiedenen Produktionsrichtungen vorgenommen sind, erwarten.

In unterstehender Tabelle habe ich von den verschiedenen Futtermittelgruppen einige typische Futtermittel mit wechselnden Eiweissgehalt zusammengeführt und durch Anführung ihrer Zusammensetzung, ihres Stärke-wert und Milchproduktionswert per 100 kg., sowie ihrer Reduktionszahl bei der Futtereinheitswertsberechnung die Richtigkeit des Obenstehenden zu zeigen gesucht.

Vergleich zwischen dem Produktionswert einiger Futtermittel beim Mästen und bei der Milchproduktion.

Comparation de la valeur productive de quelques espèces de fourrage pour l'engraissement et pour la production de lait.

FUTTERMITTEL — *DENRÉES FOURRAGÈRES*	Verdauliche Nährstoffe — *Matières alimentaires digestibles*					Wert der Futtermittel — *Valeur des fourrages p. 100 kg.*		1 kg. zu 1 Futtereinheit — *1 kilo du fourrage pour 1 unité fourragère*	Milchprod.-Fuktionswert p. Futtereinheit — *Valeur p. prod. de lait par unité fourragère*
	Eiweiss — *Albumine*	Amide — *Amides*	Fett — *Graisse*	N. freie Extr. stoffe und Zellulose — *Mat. non azotées incl. Cellulose*	Wertigkeit (Kelln.) der Futtermittel — *Valeur relative (Kellner)*	Stärkewert (Kellner) — *Valeur-amidon*	Milchproductionswert (Hansson) — *Valeur pour la product. de lait*		
Erdnusskuchen .	40.—	1.4	7.7	21.6	98.0	76.2	95.4	0.8	0.76
Sonnenblumensaatkuchen . .	28.—	2.6	10.—	23.1	95.—	69.8	83.1	0.9	0.75
Palmkernkuchen	11.7	0.4	8.—	39.3	100.—	69.6	75.1	1.0	0.75
Gerste	6.5	0.5	1.7	63.4	99.—	72.4	75.6	1.0	0.75
Hafer	8.—	1.—	4.—	46.6	95	59.5	63.3	1.2	0.76
Erbsen	16.9	2.5	1.0	52.4	98	69	77.3	1.—	0.77
Wicken	20.—	2.9	1.0	49.7	96	68.4	77.2	1.—	0.77
Klee heu . . .	5.5	3.—	1.7	37.3	70	32.—	33.9	2.2	0.75
Futterrüben mit 11 % Tr.-subst.	0.4	0.5	—	7.8	90	7.36	7.53	10.—	0.75

Der Gehalt der verschiedenen Futtermittel an verdaulichen Nährstoffen ist auf Grund schwedischer Mittelanalysen und mittels der gewöhnlichen Verdauungs-Koeffizienten berechnet. Die Wertigkeitszahlen der Nährstoffe sind, mit Ausnahme für Wicken und Futterrüben, in voller Uebereinstimmung mit Kellner angegeben. Für das erstere Futtermittel ist auf Grund der vom Verfasser vorgenommenen Fütterungsversuche mit Milchkühen, welche gezeigt haben, dass Wicken bei der Milchproduktion nicht vollständig Erbsen ersetzen können, Kellners Ziffer 98 auf 96 herabgesetzt worden. (1) Für Futterrüben wiederum, ist Kellners Wertigkeitszahl 74 auf 90 erhöht worden, welche letztere Zahl auf den ein paar Jahrzehnte betriebenen umfassenden dänischen und schwedischen (2) Fütterungsversuchen beruht.

In der folgenden Kolumne ist der Stärkewert per 100 kg. jedes Futtermittels nach Kellners Anweisungen berechnet. Der Gehalt an verdaulichem Eiweiss ist mit 0.94, der des Fettes, je nachdem es von Oelfrüchten, Getreide oder von den gröberen Futtermitteln stammte, mit 2.41, 2.12 resp. 1.91 vervielfältigt und zu den hierbei erhaltenen Summen ist der Gehalt an verdaulichen stickstofffreien Extraktstoffen und Zellulose gelegt worden. Die ganze hierbei erhaltene Summe ist schliesslich mit der Wertigkeitszahl multipliziert und mit 100 dividiert worden, wonach die Ausrechnung den Stärkewert der verschiedenen Futtermittel ergab.

Bei der hier ausgefürte Berechnung ihres Futterwertes für Milchproduktion habe ich für Fett, stickstofffreie Extraktstoffe und Zellulose, welche Nährstoffe in der Hauptsache denselben relativen Wert bei der Mästung und bei der Milchproduktion haben dürften, der Abschätzungsmethode Kellners gefolgt. Der Gehalt der Futtermittel an Amiden ist auch in diesem Falle nicht direkt mit in Berechnung gezogen worden, da die Amide in den verschiedenen Futtermitteln eine ganz verschiedene Zusammensetzung haben und ausserdem die Frage betreffend den Nahrungswert dieser Stoffe noch ganz unklar ist. Ihre grössere oder geringere Wirkung in einem Futtermittel findet dagegen in der Wertigkeitszahl des Futtermittels einen Ausdruck, welche immer als ein Mass des bei Versuchen gefundenen Produktionswertes des fraglichen Futtermittels, ausgedrückt in Prozenten des mit Leitung der Analyse direkt berechneten, zu betrachten ist.

---

(1) Nils Hansson. — *Der Futterwert des Hülsenfruchtschrotes bei der Milchproduktion.* Mitteilungen der Centralanstalt n° 66, Stockholm 1912.

(2) Nils Hansson. — *Hat die Trockensubstanz verschiedener Wurzelfrüchte denselben Futterwert?* Mitteilungen der Centralanstalt N. 34, Stockholm 1910. (Referat in Fühlings landw. Zeitung 60 Jahrg. S. 297).

Der eigentliche Unterschied zwischen der Berechnung des Stärkewertes der Futtermittel = ihres Fettbildungsvermögens — und ihres Milchproduktionswert liegt also in der verschiedenen Wertigkeit der Eiweissstoffe. Kellner schätztdiese beim Mästen auf 0.94, wenn die Kohlehydrate auf 1 gesetzt werden. Aus schon angeführten Gründen habe ich berechnet, dass uas Eiweiss bei der Milchproduktion nach seinem ganzen Wärmewert, der 1,43 mal höher als das Mittel der Kohlehydrate liegt, geschätzt werden muss (1).

Die Ausrechnung des Milchproduktionswertes der Erdnusskuchen ist also folgendermassen geschehen :

$$40.00 \times 1.43 = 57.20$$
$$7.70 \times 2.41 = 18.56$$
$$21.60 \times 1.00 = 21.60$$
$$\overline{\quad 97.36}$$

$$\frac{97.36 \times 98.00}{100} = 95.$$

Die auf ähnliche Weise berechneten Milchproduktionswerte der verschiedenen Futtermittel in der angeführten Tabelle weichen offenbar sowohl absolut wie relativ ganz wesentlich von deren Stärkewerten ab. Für die Futtermittel, die einen geringen Eiweissgehalt haben, wie Gerrte, Hafer, Futterrüben, Kleeheu und Palmkernkuchen, ist wenig Unterschied zwischen dem Stärkewert und dem Milchproduktionswert, für die eiweissreichsten Oelkuchen und Hülsenfrüchte ist aber uer Unterschied ein bedeutend grösserer.

In der vorletzten Kolumne sind die von den schwedischen Kontrollvereinen für die Mittelqualitäten angewendeten Reduktionszahlen für die angeführten Futtermittel aufgeführt. Alle diese Ziffern stützen sich auf die Resultate sehr umfassender praktischer Fütterungsversuche und werden hier nur angeführt, um zu zeigen, dass die obenerwähnte Berechnungs-

(1) S. näheres hierüber in der Arbeit des Verf. Handbok i utfodringstäre (Handbuch in Fütterungslehre). S. 81-84 u. f. f. (In der Presse).

methode für Ausrechnung des Wertes der Futtermittel bei der Milchproduktion mit den betreffenden Versuchen übereinstimmt. Durch Multiplikation des Milchproduktionswertes per 100 kg. mit der Reduktionszahl zu Futtereinheiten und Division mit 100 erhält man den Milchproduktionswert für jede Futtereinheit. Die in der letzten Kolumne angeführten Ziffern zeigen eine ausserordentlich gute Übereinstimmung. Der Milchproduktionswert per Futtereinheit ist für alle die angeführten, ihrer Zusammensetzung und Beschaffenheit nach weit verschiedenen Futtermittel ein nahezu gleicher, und es zeigt sich also, dass die angewandte Berechnungsmethode ein vollkommen befriedigendes Resultat gibt.

Hieraus folgt :

1. *Dass Professor Kellners Stärkewert bei der Milchproduktion nicht volle Gültigkeit hat, sondern hauptsächlich als ein Mass für das Fettbildungsvermögen der verschiedenen Futtermittel beim Mästen von Rindvieh zu betrachten ist;*

2. *Dass man den wirklichen Wert der Futtermittel bei der Milchproduktion dadurch berechnen kann, dass man mit dem ganzen Wärmewert des Eiweisses rechnet, d. h. dass man Kellners Wertziffer 0,94 gegen 1,43 austauscht und im übrigen dem Kellnerschen Methode folgt. Der hierbei gefundene Futterwert entspricht für die meisten Futtermittel den aus den skandinavischen Fütterungsversuchen und aus der Erfahrung der Kontrollvereine hervorgegangenen Resultaten mit Milchkühen. Für einige Futtermittel, wie z. B. Futterüben und Weizenkleie müssen die Kellnerschen Wertzahlen jedoch berichtigt werden.*

3. Die beiden genannten Berechnungsmethoden sind nur anwendbar, wenn die Futtermittel in allseitig zusammengesetzten Futtermischungen, in denen vor allem dem Mindestbedarf der Tiere an Eiweiss Rechnung getragen ist, angewendet werden.

* * *

Diejenigen, die das Versuchsmaterial, auf welches die

Berechnung der Futtereinheit sich stützt, näher kennen lernen wollen, verweisen wir auf „Beretning fraden Kgl Veterinär- og Landbohöiskoles Laboratorium for landökonomiske Forsög" : N. 10, 13, 15, 17, 19, 20, 27, 29, 30, 34, 37, 39, 42, 45, 53, 55, 60, 63, 64, 65 und 70, welche durch Aug. Bangs Boghandel, Kopenhagen erhältlich sind, sowie auf „Meddelandena N. 12, 15, 29, 34, 41, 43, 48, 62, und 66 von Centralanstalten för försöksväsendet pa jordbruksomradet", welche letzteren von C. E. Fritzes Bokförlags aktiebolag, Stockholm, bezogen werden können.

Experimentalfältet (Schweden), 7 febr. 1913.

Résumé.

1. L'estimation de la valeur de l'affourragement, généralement employée dans les 700 sociétés de contrôle, environ, que possède la Suède, concorde avec l'estimation de la valeur-amidon de Kellner, en cela que toutes deux doivent exprimer l'effet productif direct des denrées fourragères. Le fait que les valeurs-amidon de Kellner diffèrent sensiblement des valeurs d'unités de fourrage suédo-danoises dépend de ce que les chiffres de Kellner sont le résultat d'expériences d'engraissement faites sur des bœufs, tandis que les chiffres suédois d'unités de fourrage se basent sur des expériences faites avec des vaches laitières; en d'autres termes les valeurs-amidon servent de mesure pour la valeur des différentes matières alimentaires au point de vue de la formation de la graisse, et les chiffres d'unités de fourrage, au point de vue de la production du lait. Dans les deux cas la matière grasse, les hydrates carboniques et la cellulose ont la même valeur, mais l'albumine est utilisée avec plus d'avantage dans la production des matières albumineuses du lait que dans la formation de la graisse. Dans le premier cas la totalité de la valeur calorique de l'albumine est utilisée, soit 1,43 de la valeur calorique des hydrates carboniques; dans le deuxième cas, une partie seu-

lement est utilisée, soit d'après Kellner, 0,94 la valeur calorique des hydrates carboniques étant comptée comme 1.

2. Il ressort de ce qui précède que la valeur réelle de l'affourragement pour la production du lait peut etre évaluée au moyen de l'estimation de Kellner, à condition de remplacer le chiffre d'albumine 0,94, par 1,43. La valeur de l'unité fourragère ainsi trouvée est conforme pour la plupart des denrées fourragères aux résultats obtenus dans les expériences scandinaves d'affourragement faites sur des vaches laitières, et d'après les observations des sociétés de contrôle. Pour quelques aliments, entre autres pour la betterave fourragère et le son de froment, les chiffres de valeur de Kellner doivent être contrôlés.

3. Ces deux méthodes d'évaluation ne peuvent être employées que si l'affourragement comporte un mélange de toutes les matières alimentaires, et il faut surtout observer que la quantité d'albumine dans l'affourragement ne doit pas être inférieure au besoin minimum que l'animal a de cette substance.

The reliability of the Starch equivalents (Kellner) of feeding Stuffs as a guide to their relative feeding values in farm practice.

by **Charles CROWTHER**

Lecturer on Agricultural Chemistry in the University of Leeds, England.

During many years past it has been the common practice to compare the merits of different foods or rations in terms of their content of protein, fat, carbohydrates and "fibre", without taking into account any quantitative differences in the make-up of the materials comprised under these designations. Fats, carbo-hydrates and any excess of protein beyond the indispensable minimum have been regarded as mutually interchangeable in the proportions of their "isodynamic equivalents." The application of these views to farm practice, however, has met with overwhelming difficulties from the start. There are difficulties which any system will meet with necessarily, such as the great variability in the composition of the foods that form the staple of the ration and the individual variations in feeding capacity between different animals. But even in cases in which these general difficulties have been largely overcome, there has often been a hopeless discordance between theory and practice. Rations esteemed, from theoretical considerations, to be of equal value, have frequently given widely different results in practice.

In the main, doubtless, the method has served the useful purpose of correcting gross errors in feeding but its application is so uncertain that it has never won the confidence of the skilled feeder.

Some explanation of the discrepancies has been suggested by the results of recent research on nutrition. We realise now clearly that all proteins are not to be treated as mutually equivalent and that "amides" need often to be taken seriously into account. We know further, from the recent work of Hopkins and others, that the attainment of the full nutritive value of certain foods is conditioned by the presence in them of small quantities of an ingredient or ingredients whose character has not yet been determined. Further we have reason to believe that the interchange of fat and carbohydrate is safe only so long as certain minimum amounts of each are prensent in the ration. Lastly we may mention the factor of palatability, which has been found to exercice an influence, within certain limits, upon the nutritive efficiency of foods consumed by farm stock.

Further blame for the discrepancies alluded to above might easily be put upon the crudity of the analytical units in terms of which the composition of foods is expressed. Protein, carbohydrate and fibre, as commonly returned in the analysis of foods, are not definite chemical individuals but more or less complex groups of ingredients; the amounts of these present are arrived at, moreover, by methods which are not of a high order of accuracy. In the case of "carbohydrates" indeed, for want of a feasible method, no attempt at a direct determination is made but the amount is simply arrived at by difference. Added to these shortcomings are the further crudities of the estimation of digestibility. Of these only one need be mentioned—the assumption that all material removed from the food during its passage through the animal has been "usefully" digested.

In the face of all these complications and difficulties, it is obviously impossible to devise at present any system of computing food values that will give more than a rough estimate.

For the purposes of the farm, however, the rough estimate will, in most cases, be sufficient and it would obviously be foolish to abandon even the old method of arriving at such an estimate, without further test of its value when modified in accordance with the outcome of recent research.

It will be generally agreed that, *provided it be satisfactory in other respects*, the nutritive value of a ration will be determined by the amount it contains of assimilable protein, fat and carbohydrate. Assuming that the ration is suited in bulk and character to the animal and consists of sound foodstuffs, the cheif " other respects " that need to be satisfied will be, so far as present knowledge informs us, the character of the proteins and " amides " present and the inclusion of the little-known ingredients whose presence, though only in minute amount, is essential for the efficient utilisation of the food in the body.

In a simple ration, such as is often fed to pigs, there is risk that these last-named requirements may not be adequately satisfied but it is probably only rarely, if ever, that such a difficulty will arise with the more complex rations of roots, fodder and concentrated foods commonly given to the other classes of farm stock. With a basis of roots, hay or grass and strawgiven fair quality—no difficulty is ever experienced in devising a ration on which " thrifty " animals will maintain a good rate of growth, so that apparently these materials, as a rule, effectively supplement any deficiencies of constitution in other foods with which they are blended. We are probably committing no serious error, therefore, in assuming that the nutritive value of such rations is determined essentially by their content of digestible protein, fat and carbohydrate and it remains to devise a satisfactory method of evaluating this content for practical purposes.

As yet only one method has been put forward which can be said to rest upon a substantial basis of experimental investigation, viz. Kellner's " Starch Equivalent " method (1).

It remains to be seen how this method will stand the test of application in practice. Its validity can only be thoroughly tested by the records of experiments, conducted upon a relatively large scale, in which the exact consumption of digesti-

(1) Kellner, Die Ernährung def landwirtschoftlichen Nutztiere, IV, Aufl, 393.

La sélection consanguine dans l'élevage du cheval belge de gros trait

par M. DENAYVE

La consanguinité a joué un grand rôle dans l'amélioration de l'extérieur du cheval belge.

Cependant nous avons souvent entendu dire par les éleveurs belges que la consanguinité est nuisible en elle-même.

Des expérimentateurs, qui sont considérés comme des autorités en matière d'élevage, condamnent aussi la consanguinité au nom de la pratique.

Von Nathusius-Detweiler, Hoesch de Neukirchen, Brodermann et Rhan ont accusé la production consanguine d'exagérer et de généraliser les défauts dans les races. L'élevage consanguin entraînerait d'après eux un affaiblissement constitutionnel chez toutes les races améliorées; il diminuerait la fécondité, réduirait le volume des os et amènerait la déchéance de la famille.

Examinons successivement ces objections.

La consanguinité diminue-t-elle la fécondité?

Nous répondons sans hésiter : « non ».

En pratiquant la consanguinité à outrance pour l'amélioration de la chèvre belge, nous avons constaté que les descendants d'unions incestueuses n'ont rien perdu de leur fécondité.

Les chèvres des ouvriers sont élevées à la dure; elles sont restées rustiques; la race est actuellement aussi prolifique qu'elle ne l'était autrefois. On nous dira que certaines races de porcs, basées sur la consanguinité, sont moins fécondes que d'autres races, non consanguines et moins améliorées. Mais la diminution de la fécondité reconnait pour cause, non pas la consanguinité, mais les conditions anti-hygiéniques (forçage alimentaire, spécialisation intense) dans lesquels cet élevage se trouve placé.

Dans l'élevage du cheval on ne cite aucun exemple de la diminution de la fécondité sous l'influence de la consanguinité.

Chez M. Wittouck à Leeuw-Saint-Pierre, un étalon a été uni en consanguinité avec ses filles, petites filles, etc. jusqu'à la dix-septième génération. Les dernières de ses descendantes sont aussi fécondes que les autres juments.

La consanguinité réduit-elle le volume des os ? « Non. »

La réduction de l'ossature de la race Durham et de certaines variétés de porcs, n'est pas un effet de la consanguinité.

Cette réduction a pour cause une sélection particulière. En créant la race Durham, les frères Collings ont uni en consanguinité des bovidés spécialement choisis parmi les individus aux os minces.

S'ils avaient uni en consanguinité des reproducteurs avec des os développés comme le firent MM. Hasard et Galmart pour le cheval belge, la race Durham, malgré ou plutôt à cause de la consanguinité, aurait eu une forte ossature.

M. Ransquin est parvenu à augmenter la taille des juments de son élevage par la consanguinité. Or, toute augmentation de taille coïncide avec une augmentation de squelette.

Dans les écuries de MM. Hasard et Galmart, la consanguinité a été opérée pendant trente ans. En 1880, les canons des juments mesuraient en moyenne 25 cent. et ceux des entiers 25 cent.

Aujourd'hui chez les chevaux d'unions consanguines, les canons mesurent 27 cent. chez les juments et 29 cent. chez les entiers.

La consanguinité détermine-t-elle à la longue la déchéance de la famille ? « Non ! »

Le célèbre éleveur anglais Laverach déclare n'avoir jamais employé dans son élevage un sang non consanguin et cependant les Setters anglais sont loin d'être déchus, dégénérés ; ils sont restés rustiques, endurants et intelligents.

Le griffon de chasse Korthals créé par une consanguinité intensive n'a jamais donné un seul signe de dégénérescence. Le berger belge de Groenendael reste intelligent et rustique malgré la consanguinité.

Les succès toujours croissants de ces familles réputées prouvent à l'évidence que l'élevage consanguin n'est pas frappé de dégénérescence.

La pratique Belge et la consanguinité.

Au congrès d'élevage de 1910, la reproduction consanguine a été condamnée par quelques éleveurs belges au nom de la pratique.

On signale des avortements, des monstruosités, des manifestations pathologiques. Les monstruosités, les avortements, le rachitisme se remontrent tout autant chez les produits disanguins et même croisés.

Au point de vue de la pratique, la méthode consanguine est supérieure à toute autre méthode d'amélioration zootechnique.

Mais la consanguinité doit être pratiquée entre individus sains et exempts de tares héréditaires.

Expériences de consanguinité :

Dans l'écurie des frères Galmart de Bogaerden, le sang de la jument Blesse, mère commune de toutes les juments de l'exploitation, a été uni pendant 25 ans au sang de Jupiter.

Depuis 1890 après avoir essayé au début avec Major et Gerfaul II, les frères Galmart ont accouplé les filles de Blesse avec Jupiter, Mont d'or, Sans-Gêne, Beau Lys, Indigène du Fosteau, Championnis et Louis d'Hérinnes. Ces étalons sont des fils et des petits-fils de Jupiter. Les résultats pratiques de ces unions consanguines répétées furent une rapide amélioration des chevaux de l'écurie. On n'a constaté dans l'exploitation ni réduction des os, ni dégénérescence, ni diminution de la fécondité. M. Hasard pratiqua la reproduction consanguine pendant plus de 50 ans.

De 1876 à 1885 il fit de la consanguinité avec Bayard et ses filles, puis avec Orange et ses filles.

De 1886 à 1892 il unit en consanguinité Orange II et ses sœurs. Or, Orange II est déjà un produit consanguin. Son père Orange I et sa mère, une fille de Forton I remontent à la même souche, « Le Vieux de Wijn-Huize ». En 1895, M. Hasard reproduit avec Parfait (5506) fils de Forton II.

De 1895 à 1899, il employa successivement Huguenot (8926) fils d'Orange II.

Orange III (4080) fils de Boucan qui est lui-même un produit consanguin.

Ami (9968) petit-fils Orange II.

Bravo (9968) petit-fils d'Orange I.

En 1899, il introduit Brin d'Or (7902). Cet étalon est un produit fortement consanguin sur Orange I.

Brin d'Or est uni en consanguinité avec des filles et des petites-filles d'Orange I ou de Forton II.

Depuis 1876 jusqu'en 1905, M. Hasard a fait de la consanguinité étroite. Celle-ci a été pratiquée entre deux familles proches parentes, la famille d'Orange I et de Forton II.

Ces unions consanguines ont eu des résultats pratiques considérables. En 1905, au concours annuel du Cinquantenaire, nous rencontrons parmi les primés, 21 chevaux consanguins nés et élevés chez M. Hasard.

En 1906 quatre filles de Brin d'or obtinrent le 1er prix des lots de quatre juments. Cette même année, Héléna du Fosteau dut disputer le championnat à deux de ses sœurs, comme elle, produits consanguins et filles de Brin d'Or.

Voilà une épisode unique dans l'histoire des concours : elle vient, on peut le dire, couronner la série des preuves pratiques établissant la supériorité de la méthode consanguine.

Après la mort de Brin d'Or, Bristol (9406) fils de Samson (2556) fut introduit dans l'écurie du Fosteau.

Cet étalon court, rassemblé et trapu devait corriger le rein un peu allongé, propre aux juments de M. Hasard.

Malheureusement, Bristol apporta dans une famille consanguine un sang étranger, le sang du fameux Lion de Brages. Les résultats de cette introduction de sang étranger furent peu encourageants. Aussi, depuis 1907, M. Hasard est retourné absolument au sang consanguin d'Orange par Joly Cœur du Fosteau (95050).

Dans l'écurie des frères Galmart, le sang de Blesse a donné ses meilleurs produits en consanguinité avec le sang de Jupiter; dans l'écurie du Fosteau, le sang de Marcotte a donné ses meilleurs sujets par la consanguinité dans le sang d'Orange I.

La Consanguinité de la famille de Marcotte (2455).

Marcotte 2455 Aubère 1855 par Cerfaut I, 576

- Madelon, alezan 1889 par Boneau, fils consanguin d'Orange I sur sa petite-fille
- Crésus 11590, alezan 1896 par Huguenot, 8126 fils d'Orange II.
- Etrenne 9239 alezan 1811 par Orange II fils d'Orange I déjà consanguin.
  - Georgette du Fosteau 50087 alezan 1900 par Brin d'Or petit fils d'Orange I.
    - Mercédès du Fosteau, alezan 1905 par Bristol.
    - Ninon du Fosteau, alezan 1906 par Bristol.
    - Oriental du Fosteau (54180) alezan 1907 par Joli-Cœur lui-même consanguin par Orange III sur fille de Brin d'Or.
    - Polichinelle du Fosteau, bai 1908 par Kléber, petit-fils de Brin d'Or.
    - Roxane du Fosteau, alezan 1909 par Kléber, petit-fils de Brin d'Or.
    - Sergent du Fosteau, alezan 1910 par Kléber, petit-fils de Brin d'Or.
  - Harmonie du Fosteau 50089, alezan 1901 par Brin d'Or
    - Mariette du Fosteau, alezan 1905 par Bristol.
    - Norbert du Fosteau, alezan 1906 par Bristol.
    - Oriflamme du Fosteau Z. B. S. 517, alezan 1907 par Bristol.
    - Paulette du Fosteau, bai 1908 par Kléber, petit-fils de Brin d'Or.
    - Robinson du Fosteau, alezan 1909 par Kléber petit-fils de Brin d'Or.
    - Sabine du Fosteau, alezan par Kléber, petit-fils de Brin d'Or.
  - Irma du Fosteau 53707, bai 1902 par Brin d'Or
    - Numéro du Fosteau 50946, bai 1906 par Bristol.
    - Soda du Fosteau, bai 1910 par Kléber, petit fils de Brin d'Or.
  - Joyeuse du Fosteau 66461, bai 1913 par Brin d'Or
    - Brunne de Rummen, bai 1908 par Avenir de Rummen 21486.
  - Déa 47153 alezan 1897. — par Amateur
    - Liane du Fosteau, 70411 alezan 1904. — par Brin d'Or
  - Comtesse de Jeneffe, alezan 1908. Mouton d'Erque, petit-fils d'Orange II.
  - Figaro 19830, alezan 1899 par Bravo 9972 issu d'une fille d'Orange I.

Marcotte 2455, Aubère 1885, par Cerfaut I, 576 (*suite*).

- Annaute 17453, bai 1894 par Mardi-gras, 6908 petit-fils d'Orange I
  - Eveillée, bai 1908 par Ami 1908, petit fils d'Orange II.
  - Folichonne 78287, bai 1889 par Amateur, petit-fils d'Orange II
    - Ombrella du Fosteau bai 1907 par Bristol.
  - Gaston du Fosteau 22518, bai brun 1900 par Brin d'Or.
  - Hébé du Fosteau 50091, bai 1901 par Brin d'Or petit fils d'Orange I
    - Monocle du Fosteau 53998, bai 1905 par Bristol.
    - Oscar du Fosteau 55082, bai 1907 par Bristol.
    - Sibelle du Fosteau, bai 1910 par Kléber.
  - Inca du Fosteau 32934, bai 1902 par Brin d'Or.
  - Jupiter du Fosteau 57104, alezan 1903 par Brin d'Or.
  - Louisette du Fosteau 64995 bai 1904-1912 par Brin d'Or
    - Espoir (64030), bai 1908 par Néron 26482.
    - Fougère, bai 1909 par Moët 45318, fils de Président d'Obaix, petit-fils de Rêve d'Or, issu donc d'Orange I.
    - Gyp, bai 1910 par Moët 45310.
  - Orphelin du Fosteau 55066, bai 1907, par Joli-Cœur, fils d'Orange III et d'une fille de Brin d'Or.
  - Pantin du Fosteau 61394, bai 1908 par Kléber.
- Hussard du Fosteau 27082, aubère 1901, par Eclaireur 16194.

Migration in Poultry farming.

By Mr. Wilson ABERDEEN

It seems to me that there is no more important point opening up discussion than the above because so much Migration takes place among wild feathered life as it is only natural that the influence of changed situations should have a beneficial influence upon the domesticated feathered world.

We have frequently observed that in ordinary poultry rearing a wonderful amount of sagacity permeates the rank and file of poultry owners in securing suitable changes of eggs or poultry among themselves in their endeavoursto maintain the standard of their birds—that is to say those even who do not profess pure poultry breeding of any sort--I fancy, dealing with pure specimens that it is an object of interest whether the same ones may be cultivated in the same situation for any length of time or if it is profitable or even necessary to get a change of birds of the same species from other poultry yards. A recognised principle which is at present in *vogue* to improve ordinary mixed flocks by placing pure bred birds among them from such farms as we are refering to—A very small percentage of our poultry being pure stock—I fancy for all that is known the same principle which recommends cross breeds in quadruped domestic animal life holds good in feathered life. And our argument in migration even to introducing birds from and to other countries is a much stronger one aplied to birds from their naturally migratory habits than the success which has followed agricultural animals both originally and of recent years from being reared in various countries and then imported into others.

We would even go a step further than this and draw attention to the original homes and domestications of the leading Families which have already furnished us with useful domestic birds. And in doing this we would put the question is nit not even desirable to attempt using wild birds among our tame ones? Also can any others be brought successfully into domestication? And, thirdly can their be any success in hybridising with wild species?

From the Fourth Order of Birds of Baron Cuvier-The *Poultry Gallinea Lin.* we have the backbone of our poultry or domesticated birds and with much excellent game which latter, in recent times, has been sa carefully attended to as nearly to open up the point of where does domestication terminate and wild or natural bird life commence. It seems that we are rather puting the cart before the horse in stating our case this way, but poultry have been handed down to us domesticated and from our knowledge of their management and generally by their assistance in the upbringing of young we have various wild birds almost domesticated. Our system thus differing of necessity from the original as in that case the adults necessarilly came first. As Class *two* of animals and from their affinity to the Domestic Cock we have the name of the Order. To this importance is added, in every day use the name to all domesticated economic birds, as well as the fact that they prone more successful upbringers of the young of the other poultry than these do themselves, along with the value of bringing forward, Pheasants, partridges, wild ducks and so on. All of course so far as our present knewledge of such things go. The Domestic Cock seems to have originated in Persia and spread through Europe. And it may be that the Indian forests still abound with them—but Maunder believes that domesticated animals are *not* generally traceable to any *wild* stock or race. So that it is of value in our day to consider if these wild birds would be of value among domesticated ones as well as International Exchange. We have very distinct forms in others after the more usual, as the Game, Dorking, Poland and Bantam. And probable nybrids might be brought out from the Black Game Pheasant. The next to notice occupies little general place the Common Peacock *Pavo Indicus Lin.* is also of Eastern Origin roaming in the native forests. In Solomoris time they were imported into Judea and spread away over Europe-Like the last we have a typical specimen in Japan and from this I would conclude that this would be a good place to import from. For instance Japan Larch has hardy points. And in Maunders time a typical wild Cock existed in Japan—more or less regarded as the origin of the Domestic. Then we have the durkey. *Meleagris gallipavo Lin.* came to Europe from North America in the 16th Century and spread over it. Another within 100 years was been found in *Honduras* called Ocellated Turkey *M. Ocellata Couvier.* It seems to me likely that the weak points shown in the young of this one might be improved by judiceous pairing or importing from and to various places. Then we have another interesting if not conspicuous one in the Pintado or Guinea-fowl *Numida meleagris Lin.* being a native of Africa and has spread through Europe and America. Naturally favouringwater it has shown great powers of domestication over wide climatical conditions. Requiring no prominent attention even in the comparatively cold climate from which I write. The young might be a little partial to cold. But it teaches us a lesson in domestication which ought to encourage us in improving our more conspicuous. Cowier next classes the Fowls, this Species, be adds has *no* English name is first noticed of the great Genus. Pheasants *Ple asianus Gallus Lin.* and some are still found wild. It seems to us that these parts might indicate healthy importing places. Where they are wild, coming scientifically after Guiena Fowls before Pheasant. Species. Which form one which has been cared for in a way to establish itself not with but in Association with as it were, man. We got Grouse, Wood, Black, Red White and Partridge Grey. All closely allied as Game. Then we have the Smallest domesticated in the Pigeon from the Rock Pigeon *Columba livia Brisson.* from which various forms have come and whose of versatility form a great present day lesson. The Carrier Pigeon being at work in 1174. Probably there may be more of use in Order 4. In our case were pass on to Order 6. Order 5 only producing a few inconspicuous sort of game or food birds. We find the same Swan called Mute Swan *Anas olor, Gmelin*-first noticed of the great Genus Ducks. *Cygnus olor Meyer.*

It forms a peculiar feature in bird life and in domestication of animals in so far as it has followed man from the Eastern Countries of Europe and Asia all over Europe, etc. Living in water, attached to man. but not so fully domesticated as any of the others but more so than any wildones. The Knobbed Goose *Anas cygnoides or Ansurey C. Lin* is virtually a Swan and readilly breeds with geese Forming interesting off. Spring-Giving encouragement for hybrids.

The Grey-lag Goose *Anser cinereus* is the origin of the tame. The origin of its domestication is hid in the mists of antiquity, and in much the same from as at present. Probably they have been tamed in Britain from native stock in some *parts of it. And we find this bird wild all over the world.* Its long migrations being remarkable and opens up migration in *rearing and also the possibility of extending the kinds used.* We new come to the Same Duck, which is derived from the Common Wild Duck or Mallard *Anas boschas*, which has a wide range, and hod given man the tame one at an early age. And which with more or less success joins in with tame ones at the present time. Giving much field for study the Ducks show great diversity in form and colouring. And the distribution numbers of the *Sub Genus Duck* gives an opening for a wider cultivation of them through the World. And as the last two migrate greatly. Eggs or offspring may be advantageously wrought up.

Selecting and Breeding for Milk production. With particular reference to the Ayrshire Breed.

By **Andrew SLOAN**
Greenhill Farm, Crosshouse, Ayrshire.

In studying any breed of animals a knowledge of their native haunts is essential, and as in the higher sphere of history the situation of the subject is important, so, here it is most interesting to glance briefly at the geography of that part of Scotland where the Ayrshire originated, and still has its home. In latitude 55¾ N. and longitude 4½ W. will be found the small town of Dunlop, situated near the centre of that appropriately named district Cunningham (from the Celtic, Cunneag-Milkpail and Hame, Home) the home, or land, of the milk pail. The land of this district varies in height from sea level to 700 feet; the soil is cold clay and peat in many places, and there is a very heavy rainfall, approximating 40 inches per annum. To this part of the country, famous even then for its Dairy Produce, were brought, about the middle of the 17th century a few cows of the breed then known as Dutch. The old time farmers of the locality, no doubt experts in their day would assuredly select and breed for milk, but whatever their method, there has been evolved a breed with characteristics so resembling those of the imported animals that they are now generally believed to have been the ancestors of the famous breed known as Ayrshires. There is little that can be said about progress or improvement until the beginning of the 19th century when Farmers Clubs, or Show Societies were instituted. Unfortunately a desire arose for great outward appearance, presumably for exhibition purposes, and this was attained, but with impaired utility. The economic value, of show animals, proved so low that they were soon discarded for the commercial type, an ideal now fast approaching perfection ; with this latter there has grown the means to govern and perfect it.

The first real step in the direction of methodical observation of the results of breeding, was the formation in 1877 of the Ayrshire Cattle Herd Book Society of Great Britain and Ireland, which has issued every year since then a volume containing the family history of many valuable herds. The rules have just recently been altered to admit of the registration of cows with a Milk Yield qualification. The next important advance was made when the Ayrshire Milk Record Society was inaugurated in 1903, to take official records of milk production and fat content. Beginning with a few hundred animals, there are now nearly twenty thousand pure bred cows under control. Reliable family history with authentic records of production of milk compiled by these Societies make scientific selection possible, and if mature cows are to be chosen the following points should be borne in mind.

1) Outward signs, for many years supposed to denote milking capabilities are of little value in the light of recent milk record Society results.

2) Medium sized animals are heavier milkers than those that are bony large.

3) Family groups of animals often possess heavy milking powers.

4) Quiet docile cows are better than those of a fiery disposition.

5) The maximum yield is reached about 8 years of age.

6) Cows with a large milk yield will, if properly mated, transmit that quality to their progeny. The words "if properly mated" contain the secret of successful breeding, and it is the problem of a breeder's life to decide what manner of bull he will put to his herd. A knowledge of Mendel's researches aid greatly in the choice of a sire, but where a breed has

been improved by the introduction of blood from other breeds, as in the case of the Ayrshire, it is impossible to ascertain what characters are masked. The only course is to study the pedigree thoroughly, inspect as many of the animals as possible and above all see the milk record of the dam, and the records of the progeny of the sire of the bull it is intended to use. An endeavour should also be made to secure a male strong in the points which are lacking in the female and again a quiet tempered animal is much more valuable than a restive one. The bull is half the herd, and milking properties are more readily transmitted through him than the dam, therefore no trouble should be spared in making the choice. This is emphasised when it is remembered that the progeny will not begin milking till nearly four years after the bull has first been used. If he has been mated each year with the herd, there will be many descendants, and if the cross has been an improper one, incalculable harm will have been done. No effort should be spared to learn the dominant characters present, and every known precaution having been taken it is reasonable to suppose that the progeny will inherit deep milking powers. A careful study should be made of Mendel's Law and breeders who tabulate their experiences would in a few years be able to say with more certainy what a given cross should produce. In the meantime results of the union of two animals can only be ascertained by experiment.

Breeding.

The cows may be mated to calve at any season of the year, but those entering their first lactation in the end of winter may be expected to give the highest yield of milk. They should reach their maximum yield on stall feeding before the pasture is ready and, although they may decrease considerably before going to grass, the fresh growth will revive them and enable a much higher record to be recorded. The male calves of Ayrshires are kept for stock, if properly bred, and the females are of course valuable. They are very hardy and after a short period of full sweet milk may be put on substitutes. When the hand feeding is stopped they get along well if turned to pasture, but will always repay generous treatment, in fact few animals respond more readily to liberality, and it is a sound policy to give the calf a good start in life. During the second year they should be well cared for and brought into use in vigorous condition.

They may be mated to enter their first period of lactation about the age of two years and nine months, milking in such case a shorter time it is true, but with a longer resting interval, and growing all the time, they enter their second lactation very fit and give a better yield than they would have done had they entered their first lactation later.

Weights of the Breed.

The live weight of a cow at maturity, in full milking condition is from 7½ Cwt. to 10. Cwt. They are not intended for beef or feeding purposes but when it is necessary so to deal with them their reputation is superior to any other purely milking breed. Fat, the cows will weigh, live weight 10 to 12 Cwt. Mature bulls 15. to 16 Cwt. Fat Heifers 9 to 11 Cwt. The price at local Spring Sales for ordinary cows will range from £13 to £20 and in the Autumn £2 to £3 more.

Pedigree animals are of greater value. Mature Cows £40 to £70. Three year old Heifers in calf £35 to £50. Yearling Heifers £18 to £35. Mature Males £40 to £100. Yearling Males £40 to £60.

Ayrshires are exceedingly hardy, reared on the land described in the beginning of this paper and improved, as the land has been improved, frequently wintered out of doors in the rigorous Scotch climate, their removal to a more genial clime is bound to continue their development. On the other hand it has been proved that animals taken to countries where the climate is more severe have also done well; it may be concluded therefore, that they can be taken to almost any part of the world with confidence. An all round utility animal, equally useful in large or small herds, milk production is reached at an early age, and the low cost of food in comparison with the large milk yield makes a most profitable animal. Whether the milk be for consumption, or for manufacture into cheese or butter, when the percentage of fat is considered, the breed will be found second to none. The well formed, stylish, little cows are worthy of a place in any herd. In their native land, on high lying, poor farms, they are of great economic value and often form the only source of revenue to the farmer whose women folk tend and milk them. Selected on the lines suggested and bred carefully they are capable of further improvement and will amply repay any work expended on them.

Fecondity of Sheep

by J. R. AINSWORTH DAVIS
and Drysdale Turner

There is a popular belief with some breeders that in the case of certain animals which produce their young either singly or in pairs at a birth, what may be called the « twinning faculty », is hereditary.

With the object of testing this belief and obtaining further information on questions bearing on the subject, at the suggestion of Lord Moreton, a line of fecundity research, taking the sheep as the animal to be experimented with, was commenced at the Royal Agricultural College, Cirencester, in the autumn of 1909.

The amount of land available for the purpose, and the resources of the College, necessitated the investigation being only started on a small scale, but the results so far obtained seem to be of sufficient interest to justify a short report being made on the same, if only for the purpose of encouraging more extended research. Further, it is an accepted fact that the profits of the sheep-farmer depend on the percentage of lambs reared at lambing time, so putting aside the scientific value of the investigations, the results are of interest to the flock-master from the financial point of view.

The Oxford Down breed of sheep was selected, as it was considered most suitable for the purpose of the experiment.

In discussing the experiment it will be convenient to refer to the three kinds of twins as (1) Ram twins, i. e. both male; (2) Ewe twins, i. e. both females; (3) Mixed twins, i. e. one of each sex.

In July, 1909, twelve pedigree Oxford Down twin theaves were purchased, six from mixed twins, and the other six from ewe twins. In the autumn, they were put to a pedigree Oxford Down ram twin, and, in the spring of 1910, lambs were dropped as follows :

Lambs dropped 1910.

Lot 1. — from Mixed Twins.

No of the ewe	DETAILS OF LAMBS		Total
1	1 Ram Lamb :	1 Ewe Lamb. . . .	2
2	— :	1 Ewe Lamb. . . .	1
3	— :	2 Ewe Lambs . . .	2
4	1 Ram Lamb :	— . . .	1
5	— :	1 Ewe Lamb . . .	1
6	1 Ram Lamb :	1 Ewe Lamb . . .	2
	3 Ram Lambs:	6 Ewe Lambs	9 from 6 ewes or 150 % of lambs

Lot 2. — from Ewe Twins.

No of the ewe	DETAILS OF LAMBS		Total
7	1 Ram Lamb :	—	1
8	1 Ram Lamb :	—	1
9	1 Ram Lamb :	—	1
10	Barren		0
11	:	1 Ewe Lamb	1
12	1 Ram Lamb :	—	1
	4 Ram Lambs :	1 Ewe Lamb	5 from 5 ewes or 100 % of lambs

Ewe No. 1 died shortly after lambing.

The same ram was put to the two lots of ewes in the autumn of 1910, and the lambing season of 1911 showed the following results, viz. : —

Lambs dropped 1911.

Lot 1. — from Mixed Twns.

No. of Ewe.	DETAILS OF LAMBS		Total
2	— :	1 Ewe Lamb. . . .	1
3	1 Ram Lamb :	1 Ewe Lamb. . . .	2
4	— :	2 Ewe Lambs . . .	2
5	1 Ram Lamb :	1 Ewe Lamb. . . .	2
6	1 Ram Lamb :	1 Ewe Lamb. . . .	2
	3 Ram Lambs :	6 Ewe Lambs	9 from 5 ewes or 180 % of lambs

Lot 2. — from Ewe Twins.

7	1 Ram Lamb :	—	1
8	1 Ram Lamb :	—	1
9	1 Ram Lamb :	—	1
10	— :	1 Ewe Lamb	1
11	1 Ram Lamb :	—	1
12	1 Ram Lamb :	—	1
	5 Ram Lambs :	1 Ewe Lamb	6 from 6 ewes or 100 % of lambs

During the summer of 1911, Ewe No. 10 died and Ewe No 8 was removed from the flock. Twin Ewes and Theaves, as follows, were added to the flock; — *Twin with Ram*, Ewe No. 6A, *Twin with Ewe*, Ewe No. 13, *Theaves* Nos. 14 and 15. Theaves Nos 14 and 15 were dropped by Ewe No. 3 in February 1910.

In August 1911, a fresh pedigree Oxford Down ram twin lamb was purchased, and put to the ewes in September. Unfortunately owing to this lamb proving infertile another ram twin had to be used, and this was the cause of considerable delay and a very late lambing season in the following spring. The results of the lambing in 1912 were as follows :

Lambs dropped in 1912.

Lot 1. — from Mixed Twins.

No. of Ewe.	DETAILS OF LAMBS		Total
2	— :	2 Ewe Lambs . . .	2
3	— :	1 Ewe Lamb. . . .	1
4	— :	2 Ewe Lambs . . .	2
5	— :	2 Ewe Lambs . . .	2
6	— :	1 Ewe Lamb. . . .	1
6*a*	1 Ram Lamb :	—	1
	1 Ram Lamb :	8 Ewe Lambs	9 from 6 ewes or 150 % of lambs

Lot 2. — from Ewe Twins.

7	1 Ram Lamb :	1 Ewe Lamb. . . .	2
9	1 Ram Lamb :	1 Ewe Lamb. . . .	2
11	1 Ram Lamb :	1 Ewe Lamb. . . .	2
12	1 Ram Lamb :	— . . .	1
13	1 Ram Lamb :	— . . .	1
14	1 Ram Lamb :	1 Ewe Lamb. . . .	2
15	— :	1 Ewe Lamb. . . .	1
	6 Ram Lambs :	5 Ewe Lambs . . .	11 from 7 ewes or 157 % of lambs

The following Table is a summary of the results obtained during the three years.

Table showing summary of results.

Year	Lot 1. — from Mixed Twins.					Lot 2. — from Ewe Twins				
	No. of Ewes	Lambs dropped Rams	Lambs dropped Ewes	Total No. of Lambs	Percentage of Lambs.	No. of Ewes	Lambs dropped Rams	Lambs dropped Ewes	Total No. of Lambs	Percentage of Lambs
1910	6	3	6	9	150	5	4	1	5	100
1911	5	3	6	9	180	6	5	1	6	100
1912	6	1	8	9	150	7	6	5	11	157

The experimental flock is too small, and the results so far obtained too few to draw any definite conclusions; but, there seem indications that some interesting facts might be brought out if the experiment were extended and continued on more generous lines.

In comparing the results obtained up to the present the points which seem to call for most attention are.

1) All the twins produced in 1910 and 1911 were born by ewes from mixed twins. This was not confirmed, however, in 1912;

2) The twins were mostly mixed, and there was no case of ram twins in the three years;

3) The ewes of Lot 1 (mixed twins) produced throughout, taking twins and singlets together, a much higher percentage of ewe lambs than ram lambs;

4) The ewes of Lot 2 (ewe twins) gave birth to a much higher percentage of ram lambs.

To make the research more complete it is obviously desirable to establish two other experimental flocks.

1) Twin ewes (of both kinds) with a mixed twin tup;

2) Ewes and tup all singlets.

It would also be an advantage if the same line of research were conducted at two or more centres, with different soils and climates, some distance apart; as then an interchange of rams and ewes of different strains could take place from time to time as circumstances required. Further, an extension of the research to other breeds of sheep would also be desirable.

By continuing the research on the lines as suggested above it is to be hoped that in time not only some definite information will be obtained with regard to the question of fecundity in sheep, but also, some data may be furnished bearing on the vexed question of the determination of sex.

1st March, 1915.

Abridged History of the Smithfield Club.

On December 17th, 1798 the great Smithfield Market day before Christmas a number of Agriculturists assembled under the Presidency of the Duke of Bedford and laid the foundation, on the proposition of Mr. John Wilkes of Measham, under the title of the Smithfield Cattle and Sheep Society, of the National Society now Known as the Smithfield Club.

In the June following, at an adjourned meeting held by invitation of the Duke of Bedford at the Woburn Sheepshearing—a noted place and event in the agricultural annals of the last century—the preliminaries for commencing and carrying out of the objects of the Society were completed. This at the time took the form of offering premiums for the best beasts above a stated weight, and fed on grass, turnips or cabbages; and for the best sheep fed on corn or cake. The great objects in the minds of the founders viz:—the improvement of the stock of the country and the bringing out of the principle of early maturity, which is only another instance of the application of quick returns in trade to Agricultural matters—was emphasized in subsequent prize lists. Naturally one of the best means of carrying out such an object was by holding Shows, the value of which as a means of exciting interest, and imparting instruction, needs no demonstration.

The first Show was held at Wootton's Livery Stables, Dolphins Yard, Smithfield, with 2 classes for Cattle, and 2 classes for sheep, with fifty guineas in prizes. At an early stage it became necessary to correct an erronious idea that the aim, or at least one aim, of the Society was to benefit a class. At the Annual Dinner in 1800 the President the Duke of Bedford, in referring to this idea, and to further define the real aim the members should have in view, said "Without doubt we should most solicitously avoid associating to raise prices. The only true object of the farmer is to profit not by high prices, but by great products, the increase of quantity not price should be his aim." He continued "it will be of esential service to prove that breeds of cattle they are which give most food for man from given quantities of food or animals. this is an object worthy of any Society, and this object will I trust be effected by the unremitted zeal, enlightened views, and active exertions of this Society. The five subsequent Shows were also held in Dolphin' Yard. In 1800 the Society was reconstituted as a permanent Club, and in 1802 the title Smithfield Club became its permanent designation. At first the proposal was to limit the Club to fifty members, these were afterwards (1902) increased to 100, to 120 in 1804, and finally in 1805 its membership became unlimited.

In 1805 the Show was held at Dixon's Repository, Barbican but removed to more commodious premises in Sadlers Yard, Sadlers Wells, Goswell Street in 1806, the prize money then amounting to £173 in 5 classes for Cattle, 4 for sheep and 2 for pigs, and the Show continued to be held there until 1838.

The record of the Club was now one of steady progress, the agricultural press had begun to give full accounts of its proceedings and the Shows to draw the general public. It had also attracted the attention of a Scotch breeder who in the Farmers Magazine in 1910, advocated the establishment of a similar Society for Scotland. A proof too that the Club was already attaining some part at least of its object os seen in the classification of animals according to breeds which took place between 1807 and 1815, (dicontinued in 1817) and the consequent widening out of the prize lists. The Duke of Bedford at the dinner in 1808 remarked, in noticing the great increase in the number of beasts and sheep sold in Smithfield, and the improvement and excellence of their own exhibits, that "these results could not have been attained but by the gradual banishment of numerous coarse and unprofitable breeds from our pastures, and supplying their place with breeds disposed to early and perfect maturity."

The Smithfield Club had taken a leading part in bringing about this improvement, and a great impetus was given to its endeavours by the President who in 1813 gave the sum of 125 guineas to be offered annually in plate and medals, known afterwards as the "Bedfordian Plate" and a die with the profile of the Duke of Bedford was prepared for the medals.

But the great crisis was at hand which nearly brought the existence of the Club to an end. The defection of many of the members, and the backwardness of others in the matter of paying their subscriptions, together with the general depression following the termination of the war, brought on the financial difficulties which occasioned in the year 1816, the determination to give no prizes in the following year 1817, except the Bedfordian Plate and Medals, and led in that year ot the suggestion by the President that the Club having sifficiently attained the object for which it was formed should be dissolved. There were however those who considered that further and greater benefits in the improvement of live stock might be brought about by a continuance of their exertions and the views of these prevailed.

In 1821 the Duke of Bedford finally withdrew from the Club and discontinued the Bedford prizes. He however continued his interest in the Club as an exhibitor. No history of the Club would be complete which did not place on record the great and important services which the Dukes of Bedford rendered to it in the early period of its existence.

For three years the Presidency was vacant, the duties attaching to the office being discharged by Sir John S. Sebright, Bart., one of its Vice-Presidents until in 1925 it secured a worthy successor to its former Presidents in the person of Viscount Althorpe afterwards Earl Spencer. In 1840 in acknowledgement of Earl Spencer's labours on behalf of the Club, it was resolved to place his likeness on the Club's Gold Medal. The increasing requirements of the Club's Shows caused steps to be taken to obtain better premises and this desirable end was accomplished in 1838, when the premises known as the Horse Bazaar in Baker Street, were acquired for the 1839 Show. The new premises were a great improvement upon the old site, enabling the animals to be shown to advantage, and affording room for the visitors of whom it was estimated 20000 to 25000 attended. Prizes to the amount of £300 were offered in 7 classes for Cattle, 6 for sheep, 1 for pigs and medals for extra Stock. It is interesting to note that it was at the Annual Dinner of the Club held at the Freemasons Hall on December 11th, 1837, that the proposal for the foundation of the Royal Agricultural Society of England which had been previously discussed in the Club's parlour in Goswell Street, was first publicly announced. The Show in 1840 was visited by their Royal Highnesses Prince Albert and the Duke of Cambridge who were both elected members in 1841. In 1844 Her Majesty the Queen and Prince Albert visited the Show. Increased attention caused a certain misconception of the effects of the Club's efforts, by those who were imperfectly acquainted with the objects the Club had in view. The writer of "British Husbandry" in Vol. 1 of the Library of Useful Knowledge while placing the Club first amongst those who had contributed to the high state of perfection which a portion of our cattle had attained, says that it has been ludicrously objected to by the latter that the animals exhibited at their Annual Show are "Too dear to buy, too fat to eat" and an impression has gone forth that the premiums conferred on the feeders have been injudiciously bestowed. But as the writer justly observes the object in view is not the promotion of such a system of feeding as shall bring cattle generally to that condition; it is to ascertain what breed will soonest and with the most inexpensive food become fit for the shambles. In the letter of a Scotch breeder in 1810 the writer is shrewd enough to see that because animals are brought to the Show in such a state of fatness that "is no reason why they should never be killed until in that condition" and such" a breed as will get so excessively fat will certainly become moderately so, sooner than another breed that can never be overfed to such a pitch with any degree of attention that can possibly be bestowed upon it."

In 1845 Earl Spencer died having been President 20 years. The appreciation of his great services on behalf of the Club were fitly expressed in the resolution passed at the meeting after his death.

The Duke of Richmond who as a Vice-President had for many years been intimately connected with the Club was unanimously elected President and in 1850 it was resolved in appreciation of his services that his Grace's profile should appear on the Club's Medal. In the same year Her Majesty the Queen and H. R. H. the Prince Consort again visited the Show. In 1851 it was resolved that the cattle should be classified according to breeds. The Show of 1854 saw the first visit in company of their Royal Highnesses the Prince Consort and Prince Alfred, of H. R. H. the Prince of Wales (King Edward VII) and the beginning of that interest which had since become such a popular feature in the history of the Club. The operations of the Club had now se increased that a Committee was appointed in 1858 to inquire into the practicability of procuring a better and more commodious place for the Smithfield Club to hold its annual exhibitions. The result was the formation in the year 1860 of the Agricultural Hall Company to build a Hall on the site known as Dixen's Lairs, Islington, the Club agreeing to lease their exhibition to the Company for a term of twenty-one years commencing in 1862 for an Annual payment of £1,000. In this year the President the Duke of Richmond, died, having, filled the office of President for fifteen years, and at the meeting of the Club a resolution was passed, expressing their deep regret and acknowledging his valuable services to the Club.

It was reselved that in future the President should be elected annually and not be eligible for re-election for the term of three years, Lord Berners being the first of the Annual Presidents.

The Agricultural pepers gave eulogistic descriptions of the New Hall at Islington and the first Show of the Smithfield Club held therein at which prizes amounting to £2,072 were offered in 29 classes for Cattle, 17 for Sheep, 4 for Pigs. What one paper described as the House-warming was worthy of the new building. Not only the Meir to the Throne H. R. H. the Prince of Wales, but a striking assemblage of Royal Personages visited the Show. The general public attended in such numbers that its success was assured. 132.00 people visiting the Show. H. R. H. the Prince of Wales was elected a membre of the Club. An important change in what may be termed the constitution of the Club was proposed at this time. The proposed Bye Laws, set forth the general rules by which the proceedings were to be guided, such as the rules of election, the privileges of members, the powers of the Council, the duties of the Stewards and Officers, summoning and regulation of meetings, alterations of rules, management of finances, preparation of prize Sheets. The main and fundamental rule of all being that it is a principle of the constitution of the Club te exclude from its meetings and proceedings all questions of a political tendency.

At the earlier Shows of the Club much devolved upon the Stewards because the whole of the arrangements in the yard had to be made on the spot and during the arrival of the stock for the entries were sent in with the Stock. They had also the appointment of the Judges from 1827 tot 1863. Under the new constitution they were relieved of some of their labours, but they have still important duties in deciding upon any cases of doubtful qualification, to supervise the weighing of the animals, and to be in attendance during the arrival of the animals, and during the time the Judges are making their awards.

A special Divine Service for the men in charge of the Live Stock was instituted in 1863.

In 1872 Professor Brown was appointed Veterinary Inspector to the Club. The want of such an officer had been felt for some years as animals frequently suffered from the effects of travelling and occasionally from disease, also doubts had constantly arisen as to the ages of the pigs. The Veterinary Inspector was appointed to examine the state of the dentition of the Pigs, and later, the dentition of the Cattle and Sheep, and arrangements made for a Veterinary Staff to be in attendance throughout the Show. The effect of a dense fog upon the animals exhibited at the 1873 Show was somewhat remarkable. some of the cattle died, others had to be removed for slaughter. but the sheep and pigs did not not suffer to any great extent. In 1875 H. R. H. the Prince of Wales, President of the Club, presented on behalf of the Club an illuminated address of thanks to Mr. B. T. Brandreth Gibbs (afterwards Sir B. T. Brandreth Gibbs) on his 33rd election as Honorary Secretary of the Club. In 1884 Sir Brandreth Gibbs resigned, his death occuring in the following year when a resolution of deep regret was passed, the Council gratefully acknowledging that the present position of the Club was to a very large extent the result of his untiring energy and attention to its interests.

From time to time the Club contributed nearly £5,000 to various additions to the Hall. These additions gave the Club an opportunity of carrying out a scheme of Carcase Competition and which has become an attractive addition to its Shows. In the early days of the Club, the Judges had to select the two best animals in each class, see them killed and take an account of the weights of the carcases, tallow, hide, offal, etc. and then to decide which animal was the be placed first and which second in each class. This was abandoned owing to the butchers refusing to purchase the animals under these conditions. Further efforts were made in 1837 and abandoned in 1847, revived in 1871 and finally abandoned in 1876, owing to the unsatisfactory returns made by the butchers. The animals entered in this competition—which is quite distinct from the general Show of the Club — are exhibited alive on the first day of the Show, then removed of the Metropolitain Market for slaughter, the carcases returned to the Hall on Wednesday morning, and judged. In connection with this there is also a Table Poultry exhibition. The carcases and table poultry are sold by public auction immediately after being judged and the proceeds forwarded to the exhibitors without any deduction whatever. It is impossible to give details of the working of the Club in this short statement but those interested in its doings are referred to the History of the Smithfield Club, published by the Club. Much of the success of the Club has been due to the patronage of the members of the Royal Family. King George 3rd exhibted at its Show in 1800, the Duke of York in 1806. Her Majesty Queen Victoria, more frequently than any exhibiter, won the championship of the Show, and H. R. R. the Prince of Wales and other members of the Royal Family have also been successful exhibitors. In 1894 Her Majesty Queen Vitoria honoured the Club by presenting a magnificient Challenge Cup for the best beast in the Show. On the occasion of the Club's Centenary in 1898, H. R. H. the Prince of Wales, having accepted the Presidency for the third time, presented a Challenge Cup for Pigs. These Cups have been won outright and have been replaced by His Majesty King Edward VII, H. R. H. the Prince of Wales K. G. (for the third time), and H. R. H. Prince Christian of Schleswig-Holstein, K. G., (for the second time).

At the Annual General Meeting of members in December 1889 with the view to improve its constitution and administration and extend its usefulness a resolution was passed incorporating the Club under the Companies Acts as a Company not formed for profit, and on the 5th of March following, the Club was duly registered as the Smithfield Club Incorporated.

Surpise has often been expressed at the large amount the Club is able to offer (£4800) in prizes. This is obtained from Members subscriptions £820, rent for standing space for implements, seeds, roots, £2850, entry fees for stock £550, payment by the Royal Agricultural Hall Company for Show £1355, dividends etc. £200. The Club's Shows are representative of the stock and agriculture of the country, prizes being offered for, with but one or two exceptions, every breed of cattle, sheep, and pigs, crossbreds, carcase competition, and table poultry, in 135 classes, and it is remarkable as shewing the great advance made in the improvement of the breeds of cattle, as regards early maturity, in which this Club has taken so great a part, that only in two classes and those for animals of the West Highland breed, are cattle allowed to be exhibited over three years of age. The Club has been fortunate in having in addition to that of the Royal Family, of the most prominent agriculturists and breeders of stock in the United Kingdom, and with a continuance of such support the future success of the Club is assured.

E. J. P.

Heredity of Colour in the Ayrshire Breed of Cattle.

by **Alex. DOUGLAS**

Among Ayrshire Cattle the colours, black, brown, and white, are met with but very rarely as whole colours, mixtures of brown and white and black and white, being the usual colouring. Blends of colours, like the red and blue roans are practically never found, brindle is sometimes seen, and some cattle have minute patches of brown scattered through the white approximating the roan colour and known as marled or "mirley", these are the only cases where anything like a blending of colours is seen.

The popular colour among breeders today is white with some brown markings, particularly about the neck and cheeks, this is the colour in demand by exporters sending cattle to the United States of America and Canada, but South African buyers, on the other hand, prefer brown to be the prevailing colour. This choice of colours, so far as can be learned, is largely a question of fancy or individual taste, and has little or nothing to do with the suitability of different coloured animals for different climates.

Old pictures show a dark brown and white to have been common in the early days of the breed, and it is more than probable that his was the original colour corresponding as it does with the colour of the Dutch cattle of one hundred and fifty years ago from which it is generally believed this breed originated.

From this brown and white colour, by the selection of animals showing most white, an excess of white over brown, has been gradually established in many herds, and it is in this way that the typically coloured animals desired by foreign buyers have been obtained. It has been suggested that the white colour was introduced by a cross of white wild cattle blood, this must be doubted very greatly on several grounds one of which is that the white colour of the native wild cattle is not the pure white of the Ayrshire, but has a creamy tinge in it. Another point is that this white with a few brown markings is not a dominant colour and even in the offspring of two cattle of this colour we frequently find great variation in the ration of the white to the brown. This would have been less likely if the white had been a character received from a pure coloured breed, even many years ago, and in contrast to this the dominance of the black, an inported colour will be noticed.

For many years Ayrshire cattle breeders, particularly those interested in exhibitions, have avoided the black colour as far as possible, why this should be is not known, unless that the colour suggested a streak of blood belonging, not to the Ayrshire, but to some black breed. Whatever its origin it is well known that black is the colour most difficult to breed away from by crossing with other colours.

Few examples of large families of black, or black and white, cattle are found in the Ayrshire Herd Book, but such as are mentioned can be traced through several generations. Take one example of such a family, which is typical of several others :—

A well known brown and white cow which we shall call " A. " had a dam of black and white colour.

" A " s son " A1 " by a brown and white bull, was black and white.

" A1 " 's daughter " A2 " out of a white and brown cow was white with brown spots.

" A2 " spots daughter " A3 " by a brown and white bull was black and white.

A second daughter of " A1 " which we shall call " B1 " out of a white cow was black and white.

" B1 " 's daughter " B2 " by a brown and white bull was black and white.

" B2 " 's daughter by a brown bull was black and white.

Another black and white daughter of the bull " A1 " had a

black and white heifer calf by a brown and white bull and this calf in turñ had a black and white calf by a brown bull.

All the non-black parents in the above list were free of a black strain so far as can be traced.

Another family of brindle coloured animals can be traced to this same cow " A " in another herd.

In considering the brown colour there is considerable diffi- cully in various ways, it is rare to find more than two or three full brothers and sisters to apply to Mendels law., the descrip- tions or the colours given in the Herd Book are very vague, only a few breeders stating what shade of brown their ani- mals are.

We find, however, two distinct shades of brown though through crossing some intermediate shades may be observed. We find a rich red or mahogany, brown, which is we believe the original brown of the breed the other shade is a light, or yellow, brown.

The question now arises, what is the origin of this yellow brown? Is is quite distinctive and transmitted very strongly to progeny and it is to be seen very prominently in several well known herds. This suggests that it — like the black — nas been introduced with some cross from a pure coloured breed. The only breed of this colour in Britain is the Highland Cattle of Scotland, and these are whole coloured animals. It is known that many years ago a Highland cross was introduced among Ayrshires to improve, so it is believed, the form of the homs which, in former days, was a character of much impor- tance in the exhibition ring. Is it not reasonable then to sug- gest that a Highland cross was the origin of the yellow brown of our Ayrshire Breed?

white in colour frequently show more brown than their parents, and a brown and white, or brown animal has a large majority of its progeny with a major portion of brown. This reassertion of brown is often noticed, and an example of it is seen in the case of a dark brown bull which sired eleven brown calves and in a second generation of seven by a white and brown bull, there were six brown and white, and one white and brown calf, this last animal having a pure white grand-dam. In another herd we have a bull white in colour whit only a little brown on the head, which produced from seven brown and white dams only two calves in which white predominated.

It is in colour crossing of this kind that the marled colour is met with, particularly when two animals of distinct, and different colours are mated.

It will therefore be seen that without a great amount of fresh accurate data no definate prediction can be made of the colour of the offspring of any two animals. It has been noticed how the black colour transmits itself and that brown is a colour which will reassert itself unexpectedly in crosses in which white largley predominates, and this brings forward the question no wto be answered, will persistent selection of white animals with only a little brown eliminate the tendency to reversion to the brown and so make this colour, which is desired by so many breeders, a "fixed character"?

Communication de l'Association Internationale pour la destruction rationnelle des rats.

Il est notoire que les rats, par leur fécondité, constituent *l'un des dangers les plus redoutables pour l'humanité.*

Véhicules des maladies les plus contagieuses et les plus mortelles, les rats *causent annuellement sur le globe la mort de millions d'hommes* tués par la peste, le cancer, les fièvres, la gale et nombre d'autres infections.

La science moderne a démontré, preuves en mains, *le rôle funeste* des rats dans la transmission de ces maladies, mais aussi *la part que ces terribles rongeurs* ont dans *la propagation des infections les plus dangereuses pour nos animaux domestiques* : la *trichonose* parmi les porcs, *l'influenza* parmi les chevaux, la *fièvre aphteuse* parmi le bétail, *infections qui ruinent nos campagnes et nos agriculteurs.*

Certes, les rats tombent eux-mêmes par milliers, victimes de ces maladies, et l'on constate chez eux une mortalité colossale. Mais comme la nature, pour contrebalancer cette mortalité, les a doués d'une *fécondité phénoménale*, loin de diminuer, comme on le croirait, ils pullulent partout dans les proportions *de plus en plus inquiétantes*, au point que, dans certains pays, les autorités commencent à s'émouvoir.

Le fléau que les rats constituent ainsi pour l'humanité rend nécessaire *de prendre de sérieuses mesures rationnelles* pour exterminer cet animal nuisible.

Si la présence des rats est parmi nous un *constant et terrible* danger au point de vue de l'hygiène, elle l'est *encore plus au point de vue économique* par les ravages considérables que ces rongeurs occasionnent dans toutes les parties du monde.

Le Gouvernement des Etats-Unis d'Amérique a calculé que

les dégâts causés par les rats dans l'agriculture se chiffrent actuellement pour les Etats-Unis à plus d'un milliard de dollars, soit à peu près 5 *milliards* de francs par an.

Et il en est de même dans les autres pays :

En France, les ravages des rongeurs atteignaient en 1904, au bas mot, le chiffre de 200 millions de francs.

En Allemagne, l'évaluation *officielle* faite par *le Ministre de l'Agriculture* constate environ 200 millions de dégâts causés annuellement par les rats.

En Angleterre, ces dégâts se chiffrent à plus de 15 millions de livres sterling, *rien que pour les campagnes*, c'est-à-dire sans compter ce que les rats dévorent et détériorent dans les villes.

C'est ainsi que, grâce à l'indifférence des pouvoirs, au manque d'initiative et de coopération, *se perdent des milliards qui serviraient à soulager bien des souffrances humaines*. Les rats continuent à se répandre, grâce au développement des communications, répandant les maladies, narguant toutes les mesures sanitaires et propageant les fléaux qu'ils véhiculent.

Dans les pays civilisés on s'est ému de ce fléau et plusieurs tentatives ont été faites pour l'enrayer, mais ces tentatives *isolées et irrationnelles* n'ont pu obtenir *que des résultats momentanés et souvent problématiques*.

C'est alors qu'en 1902 le Congrès International de la Marine, tenu à Copenhague, décida, dans sa séance plénière du 9 juillet 1902, de former l'*Association internationale pour la Destruction rationnelle des Rats*, dont le but et les moyens sont expliqués plus bas.

L'Association internationale a entrepris la tâche de faire connaître au monde l'énorme danger qui menace l'humanité par la présence des rats. Elle a réuni, non pas des théories, ni des calculs problématiques, mais s'est appliquée *à réunir des chiffres irréfutables, des preuves incontestables*, étayés par les noms des savants les plus connus et les autorités les plus compétentes.

Se basant sur ces données et sur les études qu'elle recueille sur tout le globe, l'*Association cherche à unir dans une action commune et rationnelle tous les intéressés*, c'est-à-dire l'humanité tout entière.

Et personne, quel qu'il soit, *individu ou collectivité, ne saurait se désintéresser de cette question*, puisqu'il s'agit *de débarrasser l'humanité*, non seulement d'une honteuse vermine, *mais d'un réel fléau qui coûte des vies humaines par milliers et qui dévore le pain qui servirait à nourrir des millions de malheureux*.

Pour arriver à la solution pratique de cette question, *si importante au point de vue hygiénique et économique, l'Association fait appel aux bonnes volontés de tous les pays civilisés* et sollicite l'appui de toutes les individualités et collectivités. Plus l'Association sera puissante, plus ses adhérents seront nombreux, plus nous aurons de chances d'atteindre notre but.

Plusieurs gouvernements ont déjà profité des travaux de l'Association et de ses expériences et *plusieurs Etats civilisés*, guidés par l'initiative de l'Association, ont promulgué des lois qui ont donné de notables résultats.

Le but de l'Association et ses moyens d'action ont été formulés ainsi :

Le but de l'Association internationale pour la destruction rationnelle des rats est de favoriser tous les efforts pour l'extermination des rats et de réunir dans tous les pays l'appui de toutes les individualités, collectivités et autorités pour atteindre ce but.

L'Association Internationale *étudie toutes les questions relatives à la destruction des rats;*

répand la notion des moyens de destruction et des progrès et réformes d'intérêt général pour le but de l'Association;

recueille périodiquement les résultats obtenus et l'opinion des personnes compétentes sur les questions à l'étude;

prépare par des délégués aux différents Congrès internationaux l'adoption de mesures et dispositions internationales propres à atteindre le but proposé;

réunit et résume les vœux présentés et cherche à les faire adopter par les autorités et pouvoirs législatifs des différents pays;

publie un bulletin servant d'organe et de lien entre les adhérents et les sociétés *affiliées à l'Association internationale.*

La cotisation de chaque membre est fixée à 10 francs par an.

La cotisation des Institutions et Associations affiliées est de 30 francs par an.

L'Association internationale est dirigée par une Commission internationale et un Comité exécutif et consultatif siégeant en permanence à Copenhague (Danemark).

www.ingramcontent.com/pod-product-compliance
Lightning Source LLC
LaVergne TN
LVHW050423160826
845677LV00002BA/510